HENAN YANCAO ZHONGZHI ZIYUAN
NONGJIAZHONG

河南烟草种质资源
农家种

主编 李雪君

郑州大学出版社

图书在版编目(CIP)数据

河南烟草种质资源：农家种 / 李雪君主编.

郑州：郑州大学出版社，2024.9. -- ISBN 978-7-5773-0690-2

Ⅰ. S572.024

中国国家版本馆 CIP 数据核字第 20248X79X1 号

河南烟草种质资源：农家种

HENAN YANCAO ZHONGZHI ZIYUAN；NONGJIAZHONG

策划编辑	袁翠红		封面设计	王　微
责任编辑	杨飞飞		版式设计	苏永生
责任校对	王　媛		责任监制	李瑞卿

出版发行	郑州大学出版社		地　址	郑州市大学路 40 号(450052)
出版人	卢纪富		网　址	http://www.zzup.cn
经　销	全国新华书店		发行电话	0371-66966070
印　刷	河南瑞之光印刷股份有限公司			
开　本	889 mm×1 194 mm　1 / 16			
印　张	17		字　数	265 千字
版　次	2024 年 9 月第 1 版		印　次	2024 年 9 月第 1 次印刷

书　号	ISBN 978-7-5773-0690-2		定　价	198.00 元

编委会名单 >>

主 任 委 员　李淑君

副主任委员　李耀宇　　李彦平

主　　　编　李雪君

副 主 编　孙计平　　孙 焕

编　　　委　（以姓氏笔画排序）

丁燕芳　　王亚乐　　平文丽

李旭辉　　陈 果　　侯 咏

俎焕新　　耿胜娜　　郭 敬

薛冰洁

摄　　　影　李旭辉　　侯 咏

内容简介

　　《河南烟草种质资源：农家种》编入了河南省农业科学院烟草研究所在20世纪70年代以前收集的260份烟草种质资源，主要为农家种。书中详细介绍了每份种质资源的植物学性状、农艺性状、花冠长度等特性，部分种质资源还介绍了原烟外观、主要化学成分及评吸结果，并附有种质资源的植株、叶片、花序、花朵和蒴果等图片。

　　本书内容丰富，资料翔实，图文并茂，是河南省烟草种质资源方面的专著，可供从事烟草育种、种质资源研究的科研工作者、生产技术人员阅读参考。

前　言

　　在河南省农业科学院烟草研究所建所 90 周年之际，编撰出版《河南烟草种质资源：农家种》一书，具有十分重要的意义。

　　河南省是我国栽培烟草和研究烟草最早的省份之一，河南省农业科学院烟草研究所是全国开展品种资源收集研究和烤烟新品种选育最早的单位之一。20 世纪 30 年代，许昌烟区已成为烤烟生产原料基地，与山东青州、安徽凤阳并称为全国三大烤烟产区，当时许昌烤烟产量居全国第一位。豫中烟区烟叶的发展为全国烤烟生产的发展奠定了基础，也打破了河南省传统农业过于单一的种植结构，促进了农村经济的发展，对于全国烟草的生产格局也产生了深远的影响。烟草品种是烟叶生产的重要物质基础。据有关报道，烤烟品种对产量的贡献率为 20%~35%，对品质的贡献率为 50%。然而，随着种植时间的延长，品种会出现种性退化现象，为了满足生产对品种的需求，需要长期进行新品种培育，及时完成品种更新换代。

　　作物种质资源是指携带作物及其野生近缘种遗传信息的载体，且具有实际或潜在的利用价值，包括种子、植株，以及根、茎、叶、芽等无性繁殖器官和营养器官等。烟草种质资源是培育新品种、发展生物技术、促进现代烟草农业发展的基本条件，是烟叶生产的基础。种质资源作为自然演化和人工创造而形成的一种重要的自然资源，积累了极其丰富的遗传变异特性，包含各种性状的遗传基因，是品种选育和农业发展的物质基础。烟草种质资源是育种工作者用以选育新品种的原始材料，又称品种资源，包括古老的地方品种、人工创造选育的新品种和高代品系，自然形成的突变种和野生种。种质资源的广泛收集、妥善保存、系统分类和编目入库，是一项基础性、长期性、公益性、战略性的科技事业，需要科技工作者投入大量的心血。烟草种质资源为保障烟草科技深入，促进烟草育种可持续发展和推动烟叶高质量发展提供了强有力的支撑。烟草种质资源是烟草新品种选育和烟叶生产的物质基础，也是生物技术研究的模式植物，是非常宝贵的自然财富。种质资源的拥有数量和研究深度，对作物育种成效的大小起着决定性作用。烟草育种的历史也充分表明，突破性烤烟品种的培育往往取决于关键种质的发掘和利用，我国烟草种质资源收集保存工作开始于20世纪50年代，这是第一次在全国范围内开展群众性的烟草品种资源征集工作；第二次是1979年到1983年，在全国范围内进行了烟草种质资源的补充征集；之后的种质资源收集工作以重点地区的考察收集为主。我国目前成为世界上烟草种质资源保存数量最多的国家，但是烟草种质资源的保存、鉴定和应用还存在一定的差距。

河南省烟区特别是豫中烟区的纬度和土质与美国烤烟圣地弗吉尼亚州相同，与北卡罗来纳州相近。豫中烟区的光照、气温、水等自然资源特别适宜烟草（*Nicotiana tabacum* L.）生长，这里的自然生态条件造就了豫中烟区不可替代的浓香型烟叶风格，其烟叶浓香型特征突出，烟叶色泽鲜亮，油分充足，香气浓郁。20世纪50年代，黄苗榆、大竖把为河南有名的地方品种；60年代推广种植高产抗病品种，如长脖黄、黄苗松边、许金一号、金黄柳、螺丝头、大柳叶等；70年代继续推广种植高产抗病品种，如乔庄多叶、许金四号、净叶黄、潘圆黄、千斤黄等；80年代，育成庆胜二号，从美国引进 NC89，为我省烟叶生产的发展奠定了基础。自20世纪80年代以来，在"七五""八五"国家科技攻关品种资源研究工作的基础上，逐年对收集的品种资源进行农艺性状、质量性状、抗病性等综合鉴定评价，对优异种质资源提出利用设想，为今后烤烟资源的深入研究、育种和生产提供依据。

进入21世纪，河南烟草以国内自育烤烟品种中烟100和云烟87为主栽品种，2020年之后，河南自育烤烟新品种豫烟13号、豫浓香201、河洛1号、渠首1号等逐渐成为主栽品种。然而烟草品种单一化问题仍然存在，主要病害抗源较少或者单一。为了深入挖掘、利用种质资源，培育优质多抗新品种，解决品种单一和遗传基础狭窄问题，我们对20世纪保存的农家种种质资源进行整理和再鉴定，以便为新品种选育提供丰富多样的种质资源，也为河南省农业科学院烟草研究所建所90周年献礼！

由于烟草种质资源的特征特性受自然环境和栽培条件的影响，在不同地区、不同年份的表现不尽一致，本书的记载数据仅供参考，再加上编写时间仓促，作者水平有限，数据也不尽完善，书中有遗漏或错误之处，敬请广大读者批评指正。

编者
2024年7月

2

目　录

1. 十里庙

（统一编号 00000137；单位编号 2002）

【特征特性】　株高 154.8 cm，叶数 35 片，节距 3.0 cm，茎围 9.7 cm，腰叶长 57.4 cm、宽 22.9 cm。花冠长度 5.6 cm，花冠直径 2.2 cm，花萼长度 1.6 cm。植株筒形，叶形长椭圆，叶尖急尖，叶面较平，叶色绿，叶片厚度较薄，主脉中等。花序密集、菱形，花色淡红，有花冠尖；种子褐色、卵圆形。移栽至中心花开放 66 天，生育期 99 天。

【化学成分】　总糖 19.55%，总氮 2.15%，蛋白质 11.56%，烟碱 1.74%，施木克值 1.69，糖碱比 11.24，氮碱比 1.24。

2.三保险2003

（统一编号00000138；单位编号2003）

【特征特性】　株高183.0 cm，叶数27片，节距4.6 cm，茎围10.4 cm，腰叶长68.2 cm、宽29.6 cm。花冠长度5.3 cm，花冠直径3.0 cm，花萼长度2.0 cm。植株筒形，叶形长椭圆，叶尖渐尖，叶面较平，叶色绿，叶片厚度较厚，主脉中等。花序密集、倒圆锥形，花色淡红，有花冠尖；种子褐色、卵圆形。移栽至中心花开放54天，生育期144天。

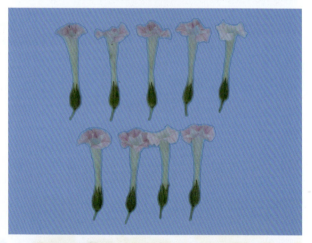

3. 席娄烟

（统一编号00000139；单位编号2004）

【特征特性】 株高98.1 cm，叶数23片，节距3.8 cm，茎围9.4 cm，腰叶长78.3 cm、宽38.7 cm。花冠长度5.0 cm，花冠直径1.9 cm，花萼长度2.0 cm。植株筒形，叶形椭圆，叶尖渐尖，叶色绿，叶片厚度中等。花序松散、菱形，花色淡红，有花冠尖；种子褐色、卵圆形。移栽至中心花开放59天。

4. 大柳叶 2005

（统一编号 00000140；单位编号 2005）

【特征特性】 株高 149.0 cm，叶数 23 片，节距 5.6 cm，茎围 10.6 cm，腰叶长 73.0 cm、宽 30.0 cm。花冠长度 5.6 cm，花冠直径 2.6 cm，花萼长度 1.9 cm。植株筒形，叶形长椭圆，叶尖急尖，叶面较平，叶色绿，叶片厚度较厚，主脉中等。花序密集、球形，花色淡红，有花冠尖；种子褐色、卵圆形。移栽至中心花开放 54 天，生育期 144 天。

5. 小柳叶 2006

（统一编号 00000141；单位编号 2006）

【特征特性】 株高 176.8 cm，叶数 24 片，节距 5.8 cm，茎围 10.0 cm，腰叶长 77.0 cm、宽 32.6 cm。花冠长度 6.0 cm，花冠直径 2.7 cm，花萼长度 2.0 cm。植株筒形，叶形长椭圆，叶尖渐尖，叶面较平，叶色绿，叶片厚度较厚，主脉中等。花序密集、倒圆锥形，花色淡红，有花冠尖；种子褐色、卵圆形。移栽至中心花开放 54 天，生育期 144 天。

【化学成分】 还原糖 20.21%，蛋白质 9.19%，烟碱 1.80%。

6.柳叶烟 2007

（统一编号00000142；单位编号2007）

【特征特性】　株高104.8 cm，叶数25片，节距2.9 cm，茎围6.4 cm，腰叶长51.4 cm、宽19.4 cm。花冠长度5.3 cm，花冠直径2.1 cm，花萼长度1.6 cm。植株筒形，叶形长椭圆，叶尖渐尖，叶面较平，叶色绿，叶片厚度较薄，主脉中等。花序密集、扁球形，花色淡红，有花冠尖；种子褐色、长卵圆形。移栽至中心花开放60天，生育期99天。

7. 大柳叶2008

（统一编号00000143；单位编号2008）

【特征特性】　株高110.8 cm，叶数29片，节距2.7 cm，茎围10.1 cm，腰叶长55.0 cm、宽24.0 cm。花冠长度5.6 cm，花冠直径2.3 cm，花萼长度1.8 cm。植株筒形，叶形长椭圆，叶尖急尖，叶面较平，叶色绿，叶片厚度较薄，主脉中等。花序密集、菱形，花色淡红，有花冠尖；种子褐色、卵圆形。移栽至中心花开放67天，生育期99天。

【化学成分】　总糖17.67%，总氮1.74%，蛋白质8.50%，烟碱2.20%，施木克值2.08，糖碱比8.03，氮碱比0.79。

8. 长葛柳叶

（统一编号00000144；单位编号2010）

【特征特性】 株高134.7 cm，叶数27片，节距2.5 cm，茎围8.5 cm，腰叶长65.2 cm、宽32.8c m。植株筒形，叶形椭圆，叶尖渐尖，叶色浅绿，叶片厚度中等；花序密集、菱形，花色淡红，有花冠尖；种子褐色、卵圆形。移栽至中心花开放59天，生育期95天。

9.蔓光柳叶尖

（统一编号00000145;单位编号2011）

【特征特性】 株高145.0 cm,叶数26片,节距3.8 cm,茎围12.2 cm,腰叶长76.0 cm、宽32.8 cm。花冠长度5.4 cm,花冠直径2.6 cm,花萼长度2.0 cm;植株筒形,叶形长椭圆,叶尖急尖,叶面较平,叶色绿,叶片厚度较厚,主脉中等。花序密集、球形,花色淡红,有花冠尖;种子褐色、卵圆形。移栽至中心花开放53天,生育期142天。

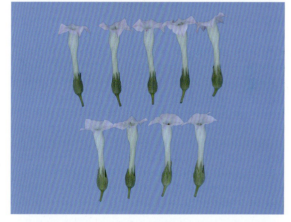

10. 大柳叶 2012

（统一编号00000146；单位编号2012）

【特征特性】　株高137.2 cm，叶数24片，节距4.3 cm，茎围11.4 cm，腰叶长74.4 cm、宽35.6 cm。花冠长度5.7 cm，花冠直径2.4 cm，花萼长度2.1 cm。植株筒形，叶形椭圆，叶尖急尖，叶面较平，叶色绿，叶片厚度较厚，主脉中等。花序密集、菱形，花色淡红，有花冠尖；种子褐色、卵圆形。移栽至中心花开放52天，生育期142天。

【化学成分】　总糖19.94%，总氮1.44%，蛋白质7.19%，烟碱1.50%，施木克值2.77，糖碱比13.29，氮碱比0.96。

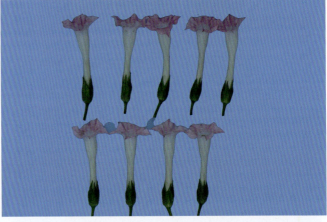

11. 大柳叶 2013

（统一编号00000147；单位编号2013）

【特征特性】　株高188.8 cm，叶数24片，节距5.3 cm，茎围11.8 cm，腰叶长81.8 cm、宽32.4 cm。花冠长度5.1 cm，花冠直径2.6 cm，花萼长度2.1 cm。植株筒形，叶形长椭圆，叶尖急尖，叶面较平，叶色绿，叶片厚度较厚，主脉中等。花序松散、倒圆锥形，花色淡红，有花冠尖；种子褐色、卵圆形。移栽至中心花开放54天，生育期144天。

12. 大柳叶 2014

（统一编号 00000148；单位编号 2014）

【特征特性】　株高 92.3 cm，叶数 26 片，节距 2.7 cm，茎围 8.4 cm，腰叶长 54.6 cm、宽 21.7 cm。花冠长度 4.9 cm，花冠直径 2.0 cm，花萼长度 1.2 cm。植株筒形，叶形长椭圆，叶尖渐尖，叶面较平，叶色绿，叶片厚度较薄，主脉中等。花序密集、菱形，花色淡红，有花冠尖；种子褐色、椭圆形。移栽至中心花开放 56 天，生育期 99 天。

13.柳叶尖小白筋2015

（统一编号00000149；单位编号2015）

【特征特性】 株高162.8 cm，叶数22片，节距5.3 cm，茎围11.4 cm，腰叶长75.0 cm、宽28.2 cm。花冠长度5.9 cm，花冠直径1.9 cm，花萼长度2.1 cm。植株筒形，叶形长椭圆，叶尖急尖，叶面较平，叶色绿，叶片厚度中等，主脉中等。花序松散、菱形，花色淡红，有花冠尖；种子褐色、卵圆形。移栽至中心花开放53天，生育期142天。

14. 大柳叶 2016

（统一编号 00000150；单位编号 2016）

【特征特性】 株高 160.2 cm，叶数 26 片，节距 4.2 cm，茎围 13.0 cm，腰叶长 76.0 cm、宽 24.8 cm。花冠长度 5.9 cm，花冠直径 2.7 cm，花萼长度 2.0 cm。植株筒形，叶形长椭圆，叶尖渐尖，叶面较平，叶色绿，叶片厚度较厚，主脉中等。花序松散、菱形，花色淡红，有花冠尖；种子褐色、卵圆形。移栽至中心花开放 57 天，生育期 145 天。

【化学成分】 总糖 18.48%，总氮 2.14%，蛋白质 12.10%，烟碱 1.20%，施木克值 1.53，糖碱比 15.40，氮碱比 1.78。

15. 柳叶尖2017

（统一编号00000151；单位编号2017）

【特征特性】　株高159.8 cm，叶数33片，节距3.6 cm，茎围12.8 cm，腰叶长74.6 cm、宽28.8 cm。花冠长度5.9 cm，花冠直径2.6 cm，花萼长度2.1 cm。植株筒形，叶形长椭圆，叶尖急尖，叶面较平，叶色绿，叶片厚度较厚，主脉中等。花序密集、菱形，花色淡红，有花冠尖；种子褐色、卵圆形。移栽至中心花开放58天，生育期145天。

【化学成分】　总氮1.92%，蛋白质11.67%，烟碱1.80%，氮碱比1.07。

16. 大柳叶2018

（统一编号00000152；单位编号2018）

【特征特性】 株高143.2 cm，叶数26片，节距4.0 cm，茎围11.8 cm，腰叶长81.0 cm、宽31.4 cm。花冠长度5.3 cm，花冠直径2.4 cm，花萼长度1.9 cm。植株筒形，叶形长椭圆，叶尖急尖，叶面较平，叶色黄绿，叶片厚度较厚，主脉中等。花序密集、球形，花色淡红，有花冠尖；种子褐色、卵圆形。移栽至中心花开放58天，生育期145天。

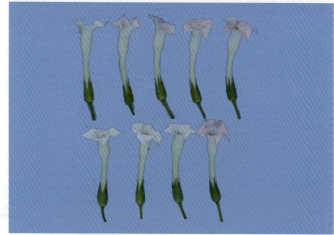

17. 大柳叶 2020

（统一编号 00000154；单位编号 2020）

【特征特性】 株高 118.7 cm，叶数 31 片，节距 2.3 cm，茎围 11.8 cm，腰叶长 67.6 cm、宽 24.9 cm。花冠长度 4.9 cm，花冠直径 2.1 cm，花萼长度 1.6 cm。植株筒形，叶形长椭圆，叶尖急尖，叶面较平，叶色绿，叶片厚度较薄，主脉中等。花序松散、菱形，花色淡红，有花冠尖；种子褐色、卵圆形。移栽至中心花开放 66 天，生育期 108 天。

【化学成分】 总糖 12.21%，总氮 2.08%，蛋白质 10.38%，烟碱 2.45%，施木克值 1.18，糖碱比 4.98，氮碱比 0.85。

18. 大柳叶2021

（统一编号00000155；单位编号2021）

【特征特性】　株高192.0 cm，叶数29片，节距5.2 cm，茎围12.6 cm，腰叶长79.4 cm、宽34.5 cm。花冠长度5.6 cm，花冠直径2.6 cm，花萼长度1.9 cm。植株筒形，叶形长椭圆，叶尖急尖，叶面较平，叶色绿，叶片厚度较厚，主脉中等。花序密集、球形，花色淡红，有花冠尖；种子褐色、卵圆形。移栽至中心花开放57天，生育期145天。

【化学成分】　总糖18.05%，总氮1.47%，蛋白质7.63%，烟碱1.44%，施木克值2.37，糖碱比12.53，氮碱比1.02。

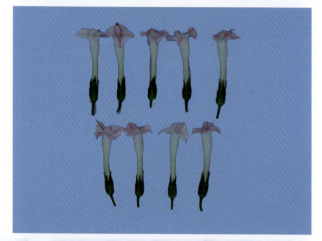

19. 大柳叶2022

（统一编号00000156；单位编号2022）

【特征特性】　株高167.8 cm，叶数32片，节距4.1 cm，茎围12.8 cm，腰叶长81.8 cm、宽27.4 cm。花冠长度5.6 cm，花冠直径2.9 cm，花萼长度2.0 cm。植株筒形，叶形长椭圆，叶尖渐尖，叶面较平，叶色绿，叶片厚度较厚，主脉中等。花序松散、菱形，花色淡红，有花冠尖；种子褐色、卵圆形。移栽至中心花开放55天，生育期143天。

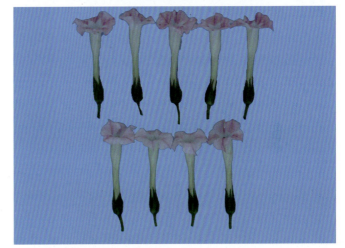

20. 大柳叶 2024

（统一编号 00000158；单位编号 2024）

【特征特性】　株高 95.5 cm，叶数 20 片，节距 3.4 cm，茎围 9.1 cm，腰叶长 60.0 cm、宽 21.2 cm。花冠长度 5.2 cm，花冠直径 2.1 cm，花萼长度 1.8 cm。植株筒形，叶形长椭圆，叶尖急尖，叶面平，叶色绿，叶片厚度较薄，主脉中等。花序密集、球形，花色淡红，有花冠尖；种子褐色、椭圆形。移栽至中心花开放 51 天，生育期 99 天。

21. 小柳叶 2025

（统一编号00000159；单位编号2025）

【特征特性】 株高99.8 cm，叶数30片，节距1.9 cm，茎围10.8 cm，腰叶长57.8 cm、宽19.3 cm。花冠长度4.8 cm，花冠直径2.3 cm，花萼长度1.5 cm。植株筒形，叶形长椭圆，叶尖尾状，叶面较平，叶色绿，叶片厚度较薄，主脉中等。花序松散、菱形，花色淡红，有花冠尖；种子褐色、椭圆形。移栽至中心花开放60天，生育期108天。

【化学成分】 烟碱2.19%。

22.稀码小柳叶

（统一编号00000160；单位编号2026）

【特征特性】　株高158.2 cm，叶数25片，节距4.2 cm，茎围10.6 cm，腰叶长75.4 cm、宽27.6 cm。花冠长度6.1 cm，花冠直径3.0 cm，花萼长度2.3 cm。植株筒形，叶形长椭圆，叶尖渐尖，叶面较平，叶色绿，叶片厚度中等，主脉中等。花序松散、菱形，花色淡红，有花冠尖；种子褐色、卵圆形。移栽至中心花开放47天，生育期140天。

23. 小柳叶 2027

（统一编号 00000161；单位编号 2027）

【特征特性】 株高 151.6 cm，叶数 26 片，节距 4.8 cm，茎围 13.0 cm，腰叶长 79.4 cm、宽 34.8 cm。花冠长度 5.5 cm，花冠直径 2.6 cm，花萼长度 2.1 cm。植株筒形，叶形长椭圆，叶尖渐尖，叶面较平，叶色绿，叶片厚度较厚，主脉中等。花序密集、球形，花色淡红，有花冠尖；种子褐色、卵圆形。移栽至中心花开放 50 天，生育期 141 天。

24. 柳叶烟 2028

（统一编号00000162；单位编号2028）

【特征特性】　株高99.7 cm，叶数33片，节距1.8 cm，茎围13.1 cm，腰叶长62.8 cm、宽25.6 cm。花冠长度5.1 cm，花冠直径2.0 cm，花萼长度1.6 cm。植株筒形，叶形长椭圆，叶尖急尖，叶面较平，叶色绿，叶片厚度较薄，主脉中等。花序松散、菱形，花色淡红，有花冠尖；种子褐色、椭圆形。移栽至中心花开放70天，生育期108天。

【化学成分】　总糖23.54%，总氮1.92%，蛋白质8.31%，烟碱0.53%，施木克值2.83，糖碱比44.42，氮碱比3.62。

25. 大柳叶 2029

（统一编号00000163；单位编号2029）

【特征特性】　株高91.1 cm，叶数33片，节距2.1 cm，茎围10.3 cm，腰叶长59.8 cm、宽26.7 cm。花冠长度5.6 cm，花冠直径2.2 cm，花萼长度1.7 cm。植株筒形，叶形长椭圆，叶尖尾状，叶面较平，叶色绿，叶片厚度较薄，主脉中等。花序密集、球形，花色淡红，有花冠尖；种子褐色、卵圆形。移栽至中心花开放55天，生育期99天。

26. 大柳叶 2030

（统一编号00000164；单位编号2030）

【特征特性】　株高100.8 cm，叶数32片，节距2.5 cm，茎围10.7 cm，腰叶长66.0 cm、宽26.0 cm。花冠长度5.3 cm，花冠直径2.3 cm，花萼长度1.5 cm。植株筒形，叶形长椭圆，叶尖急尖，叶面较平，叶色绿，叶片厚度较薄，主脉中等。花序密集、球形，花色淡红，有花冠尖；种子褐色、椭圆形。移栽至中心花开放56天，生育期99天。

27. 小柳叶 2031

（统一编号 00000165；单位编号 2031）

【特征特性】　株高 105.8 cm，叶数 38 片，节距 2.2 cm，茎围 10.8 cm，腰叶长 73.2 cm、宽 29.2 cm。花冠长度 4.8 cm，花冠直径 1.9 cm，花萼长度 1.7 cm。植株筒形，叶形长椭圆，叶尖急尖，叶面较平，叶色绿，叶片厚度较薄，主脉中等。花序密集、菱形，花色淡红，有花冠尖；种子褐色、椭圆形。移栽至中心花开放 70 天，生育期 99 天。

28.柳叶青

（统一编号00000166；单位编号2033）

【特征特性】 株高145.6 cm，叶数21片，节距4.5 cm，茎围11.0 cm，腰叶长64.2 cm、宽38.8 cm。花冠长度4.8 cm，花冠直径2.4 cm，花萼长度2.1 cm。植株筒形，叶形宽椭圆，叶尖渐尖，叶面较平，叶色深绿，叶片厚度中等，主脉中等。花序松散、菱形，花色淡红，有花冠尖；种子褐色、卵圆形。移栽至中心花开放45天，生育期140天。

29. 柳叶尖2034

（统一编号00000167；单位编号2034）

【特征特性】 株高140.0 cm，叶数20片，节距5.5 cm，茎围10.6 cm，腰叶长68.6 cm、宽44.8 cm。花冠长度6.0 cm，花冠直径2.8 cm，花萼长度2.6 cm。植株筒形，叶形宽椭圆，叶尖急尖，叶面较平，叶色绿，叶片厚度中等，主脉中等。花序密集、球形，花色淡红，有花冠尖；种子褐色、卵圆形。移栽至中心花开放47天，生育期141天。

30. 大柳叶 2036

（统一编号 00000168；单位编号 2036）

【特征特性】　株高 141.6 cm，叶数 30 片，节距 2.9 cm，茎围 12.2 cm，腰叶长 70.6 cm、宽 28.2 cm。花冠长度 5.5 cm，花冠直径 2.2 cm，花萼长度 2.0 cm。植株筒形，叶形长椭圆，叶尖急尖，叶面较平，叶色绿，叶片厚度中等，主脉中等。花序密集、球形，花色淡红，有花冠尖；种子褐色、卵圆形。移栽至中心花开放 61 天，生育期 147 天。

31. 小柳叶 2037

（统一编号00000169；单位编号2037）

【特征特性】　株高100.4 cm，叶数35片，节距2.1 cm，茎围10.6 cm，腰叶长61.7 cm、宽26.9 cm。花冠长度5.1 cm，花冠直径1.9 cm，花萼长度1.6 cm。植株筒形，叶形长椭圆，叶尖渐尖，叶面较平，叶色绿，叶片厚度较薄，主脉中等。花序密集、球形，花色淡红，有花冠尖；种子褐色、椭圆形。移栽至中心花开放66天，生育期99天。

32. 大柳叶 2038

（统一编号00000170；单位编号2038）

【特征特性】 株高127.2 cm，叶数33片，节距3.12 cm，茎围9.4 cm，腰叶长66.6 cm、宽29.1 cm。花冠长度5.1 cm，花冠直径2.3 cm，花萼长度1.5 cm。植株筒形，叶形长椭圆，叶尖急尖，叶面较平，叶色绿，叶片厚度较薄，主脉中等。花序密集、菱形，花色淡红，有花冠尖；种子褐色、卵圆形。移栽至中心花开放60天。

33. 柳叶烟 2039

（统一编号00000171；单位编号2039）

【特征特性】 株高131.4 cm，叶数30片，节距3.0 cm，茎围8.5 cm，腰叶长57.6 cm、宽17.3 cm。花冠长度5.4 cm，花冠直径2.3 cm，花萼长度1.6 cm。植株筒形，叶形长椭圆，叶尖渐尖，叶面平，叶色绿，叶片厚度中等，主脉中等。花序松散、菱形，花色淡红，有花冠尖；种子褐色、卵圆形。移栽至中心花开放53天，生育期108天。

34.金黄柳2040

（统一编号00000172；单位编号2040）

【特征特性】 株高153.6 cm，叶数29片，节距3.3 cm，茎围11.2 cm，腰叶长77.0 cm、宽35.2 cm。花冠长度5.7 cm，花冠直径2.6 cm，花萼长度2.1 cm。植株筒形，叶形椭圆，叶尖急尖，叶面较平，叶色绿，叶片厚度中等，主脉中等。花序密集、球形，花色淡红，有花冠尖；种子褐色、卵圆形。移栽至中心花开放61天，生育期147天。

【化学成分】 总糖14.40%，总氮1.73%，蛋白质8.61%，烟碱1.75%，施木克值1.67，糖碱比8.23，氮碱比0.99。

35.红花烟2041

（统一编号00000173；单位编号2041）

【特征特性】　株高135.2 cm，叶数32片，节距2.6 cm，茎围11.1 cm，腰叶长63.4 cm、宽28.4 cm。花冠长度4.9 cm，花冠直径2.2 cm，花萼长度1.6 cm。植株筒形，叶形长椭圆，叶尖急尖，叶面较平，叶色绿，叶片厚度较薄，主脉中等。花序松散、菱形，花色淡红，有花冠尖；种子褐色、卵圆形。移栽至中心花开放70天，生育期123天。

36. 大竖把2101

（统一编号00000174；单位编号2101）

【特征特性】 株高189.6 cm，叶数38片，节距3.3 cm，茎围13.8 cm，腰叶长73.2 cm、宽41.8 cm。花冠长度5.8 cm，花冠直径2.6 cm，花萼长度1.9 cm。植株筒形，叶形宽椭圆，叶尖急尖，叶面较平，叶色绿，叶片厚度中等，主脉中等。花序密集、菱形，花色淡红，有花冠尖；种子褐色、卵圆形。移栽至中心花开放66天，生育期152天。

【化学成分】 总氮1.80%，蛋白质8.80%，烟碱2.01%，氮碱比0.90。

37.松边竖把2102

（统一编号00000175；单位编号2102）

【特征特性】　株高182.8 cm，叶数36片，节距3.8 cm，茎围11.3 cm，腰叶长61.2 cm、宽33.4 cm。花冠长度4.7 cm，花冠直径2.3 cm，花萼长度1.4 cm。植株筒形，叶形宽椭圆，叶尖急尖，叶面较皱，叶色绿，叶片厚度较薄，主脉中等。花序密集、扁球形，花色粉红，有花冠尖；种子褐色、卵圆形。移栽至中心花开放75天。

38. 大竖把（直把）2103

（统一编号00000176；单位编号2103）

【特征特性】 株高116.4 cm，叶数23片，节距3.5 cm，茎围12.1 cm，腰叶长77.6 cm、宽33.6 cm。花冠长度5.3 cm，花冠直径2.3 cm，花萼长度1.8 cm。植株筒形，叶形长椭圆，叶尖急尖，叶面较平，叶色绿，叶片厚度中等，主脉中等。花序密集、球形，花色淡红，有花冠尖；种子褐色、卵圆形。移栽至中心花开放53天，生育期144天。

【化学成分】 总氮1.82%，蛋白质10.60%，烟碱1.20%，氮碱比1.52。

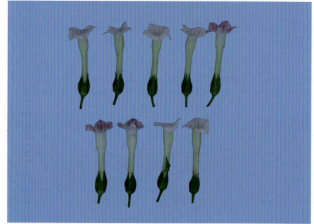

39.黑苗竖把2104

（统一编号00000177；单位编号2104）

【特征特性】 株高111.0 cm，叶数28片，节距3.0 cm，茎围11.3 cm，腰叶长63.4 cm、宽28.3 cm。花冠长度5.1 cm，花冠直径2.3 cm，花萼长度1.6 cm。植株筒形，叶形长椭圆，叶尖渐尖，叶面较平，叶色绿，叶片厚度较薄，主脉中等。花序松散、菱形，花色淡红，有花冠尖；种子褐色、卵圆形。移栽至中心花开放53天，生育期59天。

40.大竖把2105

（统一编号00000178；单位编号2105）

【特征特性】 株高92.8 cm，叶数24片，节距3.2 cm，茎围10.4 cm，腰叶长61.8 cm、宽27.8 cm。花冠长度5.1 cm，花冠直径2.3 cm，花萼长度1.7 cm。植株橄榄形，叶形长椭圆，叶尖急尖，叶面较皱，叶色绿，叶片厚度较薄，主脉中等。花序密集、球形，花色淡红，有花冠尖；种子褐色、卵圆形。移栽至中心花开放51天，生育期96天。

【化学成分】 烟碱1.17%。

41. 大竖把 2106

（统一编号00000179；单位编号2106）

【特征特性】 株高150.2 cm，叶数26片，节距3.4 cm，茎围12.4 cm，腰叶长76.2 cm、宽40.0 cm。花冠长度5.2 cm，花冠直径2.7 cm，花萼长度2.2 cm。植株筒形，叶形椭圆，叶尖急尖，叶面较平，叶色绿，叶片厚度中等，主脉中等。花序密集、球形，花色淡红，有花冠尖；种子褐色、卵圆形。移栽至中心花开放54天，生育期144天。

42.大竖把2107

（统一编号00000180；单位编号2107）

【特征特性】　株高159.0 cm，叶数25片，节距4.5 cm，茎围10.8 cm，腰叶长65.8 cm、宽34.4 cm。花冠长度5.0 cm，花冠直径2.3 cm，花萼长度2.0 cm。植株筒形，叶形椭圆，叶尖急尖，叶面较平，叶色绿，叶片厚度较薄，主脉中等。花序密集、球形，花色淡红，有花冠尖；种子褐色、卵圆形。移栽至中心花开放60天，生育期99天。

43.榆叶竖把2108

（统一编号00000181；单位编号2108）

【特征特性】　株高111.2 cm，叶数25片，节距3.3 cm，茎围11.7 cm，腰叶长64.2 cm、宽33.2 cm。花冠长度5.6 cm，花冠直径2.2 cm，花萼长度2.0 cm。植株筒形，叶形椭圆，叶尖急尖，叶面较平，叶色绿，叶片厚度较薄，主脉中等。花序密集、球形，花色淡红，有花冠尖；种子褐色、卵圆形。移栽至中心花开放67天，生育期108天。

44.榆叶竖把2109

（统一编号00000182；单位编号2109）

【特征特性】　株高92.2 cm，叶数25片，节距2.5 cm，茎围8.5 cm，腰叶长58.6 cm、宽23.4 cm。花冠长度4.8 cm，花冠直径2.2 cm，花萼长度1.7 cm。植株筒形，叶形长椭圆，叶尖渐尖，叶面较平，叶色绿，叶片厚度较薄，主脉中等。花序密集、菱形，花色淡红，有花冠尖；种子褐色、椭圆形。移栽至中心花开放60天，生育期99天。

45. 竖把柳叶 2110

（统一编号00000183；单位编号2110）

【特征特性】　株高148.4 cm，叶数23片，节距3.8 cm，茎围11.1 cm，腰叶长79.6 cm、宽33.9 cm。花冠长度5.3 cm，花冠直径2.7 cm，花萼长度2.0 cm。植株筒形，叶形长椭圆，叶尖急尖，叶面较平，叶色绿，叶片厚度较厚，主脉中等。花序密集、球形，花色淡红，有花冠尖；种子褐色、卵圆形。移栽至中心花开放54天，生育期144天。

46. 竖把烟

（统一编号00000184；单位编号2112）

【特征特性】　株高118.2 cm，叶数26片，节距3.3 cm，茎围11.0 cm，腰叶长70.8 cm、宽24.2 cm。花冠长度4.8 cm，花冠直径2.2 cm，花萼长度1.5 cm。植株筒形，叶形长椭圆，叶尖急尖，叶面较平，叶色绿，叶片厚度较薄，主脉中等。花序松散、球形，花色淡红，有花冠尖；种子褐色、椭圆形。移栽至中心花开放60天，生育期99天。

47.竖把老母鸡2113

（统一编号00000185；单位编号2113）

【特征特性】　株高157.8 cm，叶数22片，节距6.4 cm，茎围11.9 cm，腰叶长80.6 cm、宽43.2 cm。花冠长度6.2 cm，花冠直径2.8 cm，花萼长度2.7 cm。植株筒形，叶形宽椭圆，叶尖急尖，叶面较平，叶色绿，叶片厚度较厚，主脉中等。花序密集、球形，花色淡红，有花冠尖；种子褐色、卵圆形。移栽至中心花开放51天，生育期141天。

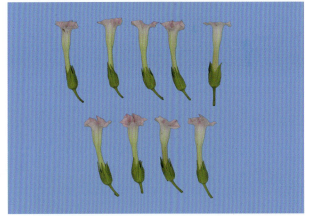

48.大竖把2114

（统一编号00000186；单位编号2114）

【特征特性】 株高165.4 cm，叶数25片，节距4.5 cm，茎围13.5 cm，腰叶长75.8 cm、宽30.3 cm。花冠长度6.1 cm，花冠直径2.3 cm，花萼长度1.9 cm。植株筒形，叶形长椭圆，叶尖渐尖，叶面较平，叶色绿，叶片厚度较厚，主脉中等。花序密集、球形，花色淡红，有花冠尖；种子褐色、卵圆形。移栽至中心花开放51天，生育期141天。

49. 大竖把 2115

（统一编号 00000187；单位编号 2115）

【特征特性】　株高 169.0 cm，叶数 26 片，节距 4.8 cm，茎围 12.4 cm，腰叶长 75.2 cm、宽 31.8 cm。花冠长度 5.6 cm，花冠直径 2.6 cm，花萼长度 2.2 cm。植株筒形，叶形长椭圆，叶尖急尖，叶面较平，叶色深绿，叶片厚度中等，主脉中等。花序密集、球形，花色淡红，有花冠尖；种子褐色、卵圆形。移栽至中心花开放 51 天，生育期 141 天。

50.竖把柳叶2116

（统一编号00000188；单位编号2116）

【特征特性】 株高129.4 cm，叶数21片，节距3.9 cm，茎围10.5 cm，腰叶长74.8 cm、宽31.8 cm。花冠长度5.5 cm，花冠直径2.3 cm，花萼长度2.0 cm。植株筒形，叶形长椭圆，叶尖急尖，叶面较平，叶色绿，叶片厚度中等，主脉中等。花序密集、球形，花色淡红，有花冠尖；种子褐色、卵圆形。移栽至中心花开放47天，生育期139天。

51. 大竖把2117

（统一编号00000189；单位编号2117）

【特征特性】 株高140.2 cm，叶数26片，节距3.6 cm，茎围12.6 cm，腰叶长74.4 cm、宽32.1 cm。花冠长度5.6 cm，花冠直径2.5 cm，花萼长度2.0 cm。植株筒形，叶形长椭圆，叶尖急尖，叶面较平，叶色绿，叶片厚度中等，主脉中等。花序密集、球形，花色淡红，有花冠尖；种子褐色、卵圆形。移栽至中心花开放56天，生育期146天。

51

52. 大竖把 2119

（统一编号00000190；单位编号2119）

【特征特性】　株高137.0 cm，叶数34片，节距2.9 cm，茎围10.3 cm，腰叶长54.8 cm、宽23.6 cm。花冠长度5.3 cm，花冠直径2.2 cm，花萼长度1.4 cm。植株筒形，叶形长椭圆，叶尖尾状，叶面较平，叶色绿，叶片厚度较薄，主脉中等。花序松散、球形，花色淡红，有花冠尖；种子褐色、卵圆形。移栽至中心花开放67天，生育期108天。

53.竖把老母鸡2120

（统一编号00000191；单位编号2120）

【特征特性】 株高95.8 cm，叶数26片，节距2.2 cm，茎围10.5 cm，腰叶长59.6 cm、宽22.7 cm。花冠长度5.1 cm，花冠直径2.3 cm，花萼长度1.7 cm。植株筒形，叶形长椭圆，叶尖急尖，叶面较平，叶色绿，叶片厚度较薄，主脉中等。花序松散、球形，花色淡红，有花冠尖；种子褐色、椭圆形。移栽至中心花开放54天，生育期96天。

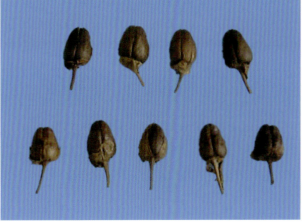

54.竖把码子稠

（统一编号00000192；单位编号2121）

【特征特性】 株高130.6 cm，叶数25片，节距2.7 cm，茎围12.1 cm，腰叶长67.6 cm、宽32.5 cm。花冠长度5.9 cm，花冠直径2.9 cm，花萼长度2.4 cm。植株筒形，叶形椭圆，叶尖急尖，叶面较平，叶色绿，叶片厚度中等，主脉中等。花序密集、菱形，花色淡红，有花冠尖；种子褐色、卵圆形。移栽至中心花开放54天，生育期145天。

【化学成分】 总糖12.47%，总氮1.98%，蛋白质10.25%，烟碱1.97%，施木克值1.22，糖碱比6.33，氮碱比1.01。

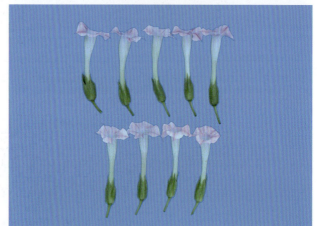

55. 竖把黄

（统一编号00000193；单位编号2122）

【特征特性】　株高98.0 cm，叶数31片，节距2.0 cm，茎围10.8 cm，腰叶长64.2 cm、宽21.2 cm。花冠长度4.6 cm，花冠直径2.3 cm，花萼长度1.7 cm。植株筒形，叶形长椭圆，叶尖渐尖，叶面较平，叶色绿，叶片厚度较薄，主脉中等。花序松散、菱形，花色淡红，有花冠尖；种子褐色、椭圆形。移栽至中心花开放62天，生育期96天。

【化学成分】　总氮1.68%，蛋白质8.25%，烟碱2.06%，氮碱比0.82。

56. 竖把黄苗 2123

（统一编号 00000194；单位编号 2123）

【特征特性】　株高 127.8 cm，叶数 24 片，节距 3.7 cm，茎围 10.0 cm，腰叶长 61.4 cm、宽 31.9 cm。花冠长度 4.6 cm，花冠直径 2.3 cm，花萼长度 1.6 cm。植株筒形，叶形椭圆，叶尖渐尖，叶面较平，叶色绿，叶片厚度薄，主脉中等。花序松散、菱形，花色淡红，有花冠尖；种子褐色、椭圆形。移栽至中心花开放 56 天，生育期 96 天。

57. 竖把 2124

（统一编号 00000195；单位编号 2124）

【特征特性】　株高 148.6 cm，叶数 25 片，节距 5.0 cm，茎围 12.1 cm，腰叶长 73.6 cm、宽 32.3 cm。花冠长度 5.7 cm，花冠直径 2.3 cm，花萼长度 2.0 cm。植株筒形，叶形长椭圆，叶尖急尖，叶面较平，叶色绿，叶片厚度较厚，主脉中等。花序密集、球形，花色淡红，有花冠尖；种子褐色、卵圆形。移栽至中心花开放 49 天，生育期 139 天。

58. 竖把2125

（统一编号00000196；单位编号2125）

【特征特性】 株高72.1 cm，叶数24片，节距2.6 cm，茎围8.5 cm，腰叶长61.4 cm、宽29.0 cm。花冠长度5.2 cm，花冠直径2.0 cm，花萼长度1.8 cm。植株筒形，叶形椭圆，叶尖急尖，叶色绿色，叶片厚度中等。花序密集、菱形，花色淡红，有花冠尖；种子褐色、卵圆形。移栽至中心花开放76天。

59. 小竖把 2127

（统一编号00000197；单位编号2127）

【特征特性】　株高123.8 cm，叶数28片，节距3.3 cm，茎围9.8 cm，腰叶长67.0 cm、宽28.4 cm。花冠长度5.0 cm，花冠直径2.1 cm，花萼长度1.5 cm。植株筒形，叶形长椭圆，叶尖渐尖，叶面较皱，叶色绿，叶片厚度较薄，主脉中等。花序松散、菱形，花色淡红，有花冠尖；种子褐色、椭圆形。移栽至中心花开放60天，生育期96天。

60. 竖把2128

（统一编号00000198；单位编号2128）

【特征特性】　株高149.4 cm，叶数22片，节距4.9 cm，茎围12.1 cm，腰叶长74.2 cm、宽33.9 cm。花冠长度5.8 cm，花冠直径2.4 cm，花萼长度2.1 cm。植株橄榄形，叶形椭圆，叶尖渐尖，叶面较皱，叶色深绿，叶片厚度较厚，主脉中等。花序密集、球形，花色淡红，有花冠尖；种子褐色、卵圆形。移栽至中心花开放52天，生育期143天。

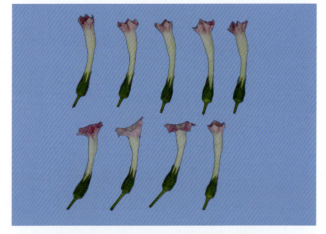

61. 竖把2129

（统一编号00000199；单位编号2129）

【特征特性】 株高164.6 cm，叶数24片，节距4.6 cm，茎围13.1 cm，腰叶长77.2 cm、宽31.2 cm。花冠长度5.8 cm，花冠直径2.8 cm，花萼长度2.0 cm。植株筒形，叶形长椭圆，叶尖渐尖，叶面较平，叶色绿，叶片厚度较厚，主脉中等。花序密集、球形，花色淡红，有花冠尖；种子褐色、卵圆形。移栽至中心花开放52天，生育期142天。

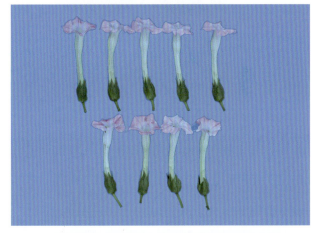

62. 竖把2130

（统一编号00000200；单位编号2130）

【特征特性】 株高131.2 cm，叶数35片，节距3.0 cm，茎围10.9 cm，腰叶长60.8 cm、宽21.5 cm。花冠长度4.8 cm，花冠直径2.1 cm，花萼长度1.4 cm。植株筒形，叶形长椭圆，叶尖渐尖，叶面较平，叶色绿，叶片厚度较薄，主脉中等。花序松散、倒圆锥形，花色淡红，有花冠尖；种子褐色、卵圆形。移栽至中心花开放62天，生育期100天。

63. 竖把大柳叶2131

（统一编号00000201；单位编号2131）

【特征特性】 株高146.2 cm，叶数24片，节距4.2 cm，茎围12.6 cm，腰叶长81.0 cm、宽38.9 cm。花冠长度5.2 cm，花冠直径2.2 cm，花萼长度1.7 cm。植株筒形，叶形椭圆，叶尖渐尖，叶面较平，叶色绿，叶片厚度较厚，主脉中等。花序密集、球形，花色淡红，有花冠尖；种子褐色、卵圆形。移栽至中心花开放57天，生育期147天。

64. 大竖把2132

（统一编号00000202；单位编号2132）

【特征特性】　株高104.0 cm，叶数25片，节距3.5 cm，茎围11.0 cm，腰叶长66.0 cm、宽24.3 cm。花冠长度5.1 cm，花冠直径2.1 cm，花萼长度2.0 cm。植株筒形，叶形长椭圆，叶尖急尖，叶面较平，叶色绿，叶片厚度较薄，主脉中等。花序密集、球形，花色淡红，有花冠尖；种子褐色、卵圆形。移栽至中心花开放57天，生育期100天。

65. 竖把大柳叶 2133

（统一编号 00000203；单位编号 2133）

【特征特性】　株高 150.0 cm，叶数 27 片，节距 3.4 cm，茎围 11.9 cm，腰叶长 81.0 cm、宽 30.2 cm。花冠长度 5.4 cm，花冠直径 2.6 cm，花萼长度 2.1 cm。植株筒形，叶形长椭圆，叶尖渐尖，叶面较平，叶色绿，叶片厚度较厚，主脉中等。花序密集、菱形，花色淡红，有花冠尖；种子褐色、卵圆形。移栽至中心花开放 56 天，生育期 147 天。

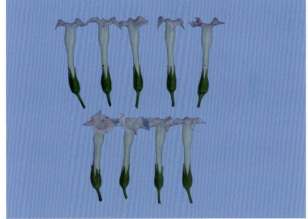

66.竖把小柳叶2134

（统一编号00000204；单位编号2134）

【特征特性】　株高148.2 cm，叶数27片，节距3.6 cm，茎围12.5 cm，腰叶长76.0 cm、宽30.0 cm。花冠长度5.6 cm，花冠直径2.3 cm，花萼长度2.0 cm。植株筒形，叶形长椭圆，叶尖渐尖，叶面较平，叶色绿，叶片厚度较厚，主脉中等。花序密集、球形，花色淡红，有花冠尖；种子褐色、卵圆形。移栽至中心花开放54天，生育期144天。

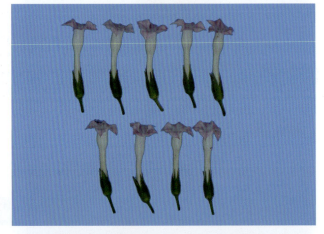

67. 竖把2135

（统一编号00000205；单位编号2135）

【特征特性】　株高193.2 cm，叶数19片，节距5.6 cm，茎围11.4 cm，腰叶长64.6 cm、宽31.2 cm。花冠长度5.2 cm，花冠直径2.3 cm，花萼长度1.8 cm。植株筒形，叶形椭圆，叶尖急尖，叶面较平，叶色绿，叶片厚度较厚，主脉中等。花序松散、菱形，花色淡红，有花冠尖；种子褐色、卵圆形。移栽至中心花开放50天，生育期140天。

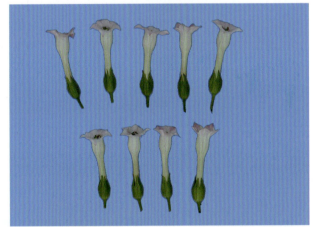

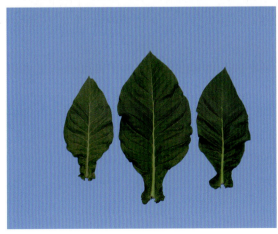

68. 竖把 2136

（统一编号00000206；单位编号2136）

【特征特性】　株高107.8 cm，叶数27片，节距2.9 cm，茎围9.1 cm，腰叶长59.2 cm、宽23.5 cm。花冠长度4.4 cm，花冠直径2.0 cm，花萼长度1.6 cm。植株筒形，叶形长椭圆，叶尖急尖，叶面较皱，叶色绿，叶片厚度较薄，主脉中等。花序松散、菱形，花色淡红，有花冠尖；种子褐色、卵圆形。移栽至中心花开放60天，生育期100天。

69. 小竖把 2137

（统一编号 00000207；单位编号 2137）

【特征特性】　株高 148.0 cm，叶数 24 片，节距 4.4 cm，茎围 12.5 cm，腰叶长 81.2 cm、宽 33.2 cm。花冠长度 6.3 cm，花冠直径 8.7 cm，花萼长度 2.4 cm；植株筒形，叶形长椭圆，叶尖急尖，叶面较平，叶色绿，叶片厚度较厚，主脉中等。花序密集、倒圆锥形，花色白色，有花冠尖；种子褐色、卵圆形。移栽至中心花开放 53 天，生育期 144 天。

70. 竖把2139

（统一编号00000208；单位编号2139）

【特征特性】 株高110.0 cm，叶数28片，节距3.4 cm，茎围11.5 cm，腰叶长65.6 cm、宽26.0 cm。花冠长度4.7 cm，花冠直径2.4 cm，花萼长度1.6 cm；植株筒形，叶形长椭圆，叶尖渐尖，叶面较皱，叶色绿，叶片厚度较厚，主脉中等。花序松散、菱形，花色淡红，有花冠尖；种子褐色、卵圆形。移栽至中心花开放56天，生育期108天。

71. 大小竖把 2140

（统一编号 00000209；单位编号 2140）

【**特征特性**】　株高 136.2 cm，叶数 26 片，节距 3.4 cm，茎围 12.6 cm，腰叶长 77.2 cm、宽 31.4 cm。花冠长度 5.3 cm，花冠直径 2.4 cm，花萼长度 1.9 cm；植株筒形，叶形长椭圆，叶尖急尖，叶面较平，叶色绿，叶片厚度较厚，主脉中等。花序密集、倒圆锥形，花色淡红，有花冠尖；种子褐色、卵圆形。移栽至中心花开放 53 天，生育期 144 天。

72. 大竖把2141

（统一编号00000210；单位编号2141）

【特征特性】 株高139.0 cm，叶数26片，节距3.4 cm，茎围12.0 cm，腰叶长70.0 cm、宽36.0 cm。花冠长度5.9 cm，花冠直径2.6 cm，花萼长度2.3 cm；植株筒形，叶形椭圆，叶尖渐尖，叶面较平，叶色绿，叶片厚度较厚，主脉中等。花序密集、菱形，花色淡红，有花冠尖；种子褐色、卵圆形。移栽至中心花开放56天，生育期147天。

73. 小竖把2142

（统一编号00000211；单位编号2142）

【特征特性】　株高129.6 cm，叶数31片，节距3.5 cm，茎围11.4 cm，腰叶长67.6 cm、宽29.2 cm。花冠长度5.7 cm，花冠直径2.2 cm，花萼长度2.0 cm；植株筒形，叶形长椭圆，叶尖渐尖，叶面较平，叶色绿，叶片厚度中等，主脉中等。花序密集、球形，花色淡红，有花冠尖；种子褐色、卵圆形。移栽至中心花开放70天，生育期100天。

74. 竖把种2145

（统一编号00000212；单位编号2145）

【特征特性】 株高145.4 cm，叶数29片，节距3.2 cm，茎围14.5 cm，腰叶长81.2 cm、宽32.0 cm。花冠长度5.1 cm，花冠直径2.4 cm，花萼长度2.0 cm；植株筒形，叶形长椭圆，叶尖急尖，叶面较平，叶色绿，叶片厚度较厚，主脉中等。花序密集、菱形，花色淡红，有花冠尖；种子褐色、卵圆形。移栽至中心花开放61天，生育期147天。

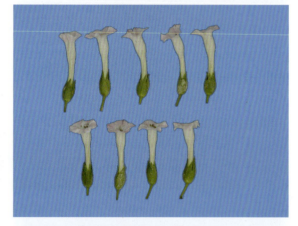

75. 小竖把2146

（统一编号00000213；单位编号2146）

【特征特性】　株高130.2 cm，叶数20片，节距4.2 cm，茎围11.6 cm，腰叶长83.6 cm、宽34.6 cm。花冠长度6.1 cm，花冠直径2.2 cm，花萼长度2.1 cm；植株筒形，叶形长椭圆，叶尖渐尖，叶面较平，叶色绿，叶片厚度中等，主脉中等。花序密集、菱形，花色淡红，有花冠尖；种子褐色、卵圆形。移栽至中心花开放51天，生育期142天。

76. 竖把2148

（统一编号00000214；单位编号2148）

【特征特性】　株高95.8 cm，叶数25片，节距2.8 cm，茎围10.5 cm，腰叶长68.8 cm、宽27.1 cm。花冠长度4.8 cm，花冠直径2.0 cm，花萼长度1.4 cm；植株筒形，叶形长椭圆，叶尖渐尖，叶面较平，叶色绿，叶片厚度中等，主脉中等。花序密集、菱形，花色淡红，有花冠尖；种子褐色、椭圆形。移栽至中心花开放60天，生育期100天。

77. 董庄竖把2150

（统一编号00000215；单位编号2150）

【特征特性】　株高152.6 cm，叶数29片，节距3.4 cm，茎围11.8 cm，腰叶长71.6 cm、宽29.6 cm。花冠长度5.6 cm，花冠直径2.5 cm，花萼长度1.7 cm；植株筒形，叶形长椭圆，叶尖急尖，叶面较平，叶色绿，叶片厚度较厚，主脉中等。花序松散、菱形，花色淡红，有花冠尖；种子褐色、卵圆形。移栽至中心花开放53天，生育期142天。

78. 竖把黄苗2201

（统一编号00000216；单位编号2201）

【特征特性】　株高154.0 cm，叶数30片，节距4.1 cm，茎围8.8 cm，腰叶长58.8 cm、宽36.1 cm。植株筒形，叶形宽椭圆形，叶尖急尖，叶色绿色，叶片厚度较厚；花序松散、菱形，花色淡红，有花冠尖；种子褐色、椭圆形。移栽至中心花开放51天，生育期142天。

79.松边黄苗榆

（统一编号00000217；单位编号2202）

【特征特性】　株高178.0 cm，叶数22片，节距4.9 cm，茎围11.4 cm，腰叶长57.6 cm、宽28.6 cm。花冠长度4.6 cm，花冠直径2.2 cm，花萼长度1.6 cm；植株筒形，叶形椭圆，叶尖急尖，叶面较平，叶色绿，叶片厚度中等，主脉中等。花序密集、球形，花色淡红，有花冠尖；种子褐色、卵圆形。移栽至中心花开放51天，生育期139天。

80. 黄苗榆79

（统一编号00000218；单位编号2203）

【特征特性】 株高175.6 cm，叶数22片，节距5.0 cm，茎围11.6 cm，腰叶长83.6 cm、宽34.6 cm。花冠长度6.1 cm，花冠直径2.2 cm，花萼长度2.1 cm；植株筒形，叶形长椭圆，叶尖急尖，叶面较皱，叶色绿，叶片厚度中等，主脉中等。花序密集、球形，花色淡红，有花冠尖；种子褐色、卵圆形。移栽至中心花开放53天，生育期140天。

【化学成分】 总糖23.58%，总氮1.68%，蛋白质8.57%，烟碱1.79%，施木克值2.75，糖碱比13.17，氮碱比0.94。

81.白筋黄苗

（统一编号00000219；单位编号2205）

【特征特性】 株高159.5 cm，叶数26片，节距3.1 cm，茎围5.7 cm，腰叶长56.8 cm、宽30.9 cm。植株筒形，叶形宽椭圆形，叶尖急尖，叶色黄绿，叶片厚度较薄；花序密集、菱形，花色淡红，有花冠尖；种子褐色、椭圆形。移栽至中心花开放62天，生育期145天。

82.松边黄苗榆

（统一编号00000220；单位编号2210）

【特征特性】 株高174.4 cm，叶数17片，节距6.3 cm，茎围11.0 cm，腰叶长74.2 cm、宽33.6 cm。花冠长度5.3 cm，花冠直径2.9 cm，花萼长度2.4 cm；植株筒形，叶形长椭圆，叶尖渐尖，叶面较平，叶色绿，叶片厚度中等，主脉中等。花序松散、菱形，花色淡红，有花冠尖；种子褐色、卵圆形。移栽至中心花开放45天，生育期136天。

83. 黄苗2211

（统一编号00000221；单位编号2211）

【特征特性】　　株高161.0 cm，叶数23片，节距4.9 cm，茎围11.2 cm，腰叶长74.0 cm、宽27.2 cm。花冠长度6.4 cm，花冠直径2.9 cm，花萼长度2.3 cm；植株筒形，叶形长椭圆，叶尖渐尖，叶面较平，叶色绿，叶片厚度较厚，主脉中等。花序松散、菱形，花色淡红，有花冠尖；种子褐色、卵圆形。移栽至中心花开放52天，生育期139天。

84. 长把黄 2212

（统一编号 00000222；单位编号 2212）

【特征特性】　株高 149.2 cm，叶数 31 片，节距 3.7 cm，茎围 9.4 cm，腰叶长 58.0 cm、宽 23.4 cm。花冠长度 5.1 cm，花冠直径 2.1 cm，花萼长度 2.0 cm；植株筒形，叶形长椭圆，叶尖急尖，叶面平，叶色绿，叶片厚度较薄，主脉中等。花序松散、菱形，花色淡红，有花冠尖；种子褐色、卵圆形。移栽至中心花开放 60 天，生育期 108 天。

【化学成分】　总糖 16.22%，总氮 1.78%，蛋白质 9.88%，烟碱 1.13%，施木克值 1.64，糖碱比 14.35，氮碱比 1.58。

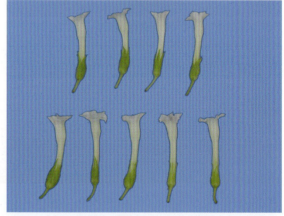

85. 长把黄2213

（统一编号00000223；单位编号2213）

【特征特性】 株高142.0 cm，叶数38片，节距2.9 cm，茎围12.5 cm，腰叶长67.8 cm、宽24.1 cm。花冠长度5.3 cm，花冠直径2.1 cm，花萼长度1.8 cm；植株筒形，叶形长椭圆，叶尖渐尖，叶面较平，叶色绿，叶片厚度较薄，主脉中等。花序松散、菱形，花色白，有花冠尖；种子褐色、卵圆形。移栽至中心花开放68天，生育期113天。

【化学成分】 总糖17.05%，总氮1.86%，蛋白质10.65%，烟碱0.91%，施木克值1.60，糖碱比18.74，氮碱比2.04。

86. 长把黄光板2214

（统一编号00000224；单位编号2214）

【特征特性】　株高97.8 cm，叶数30片，节距2.3 cm，茎围10.6 cm，腰叶长61.8 cm、宽21.8 cm。花冠长度5.1 cm，花冠直径2.1 cm，花萼长度1.6 cm；植株筒形，叶形长椭圆，叶尖渐尖，叶面较平，叶色绿，叶片厚度较薄，主脉中等。花序松散、倒锥形，花色淡红，有花冠尖；种子褐色、卵圆形。移栽至中心花开放60天，生育期100天。

87. 黄苗 2215

（统一编号 00000225；单位编号 2215）

【特征特性】 株高 153.6 cm，叶数 36 片，节距 2.7 cm，茎围 12.7 cm，腰叶长 66.6 cm、宽 29.0 cm。花冠长度 5.0 cm，花冠直径 2.2 cm，花萼长度 1.6 cm；植株筒形，叶形长椭圆，叶尖渐尖，叶面较平，叶色绿，叶片厚度较薄，主脉中等。花序松散、菱形，花色淡红，有花冠尖；种子褐色、卵圆形。移栽至中心花开放 63 天，生育期 100 天。

88. 大黄苗2216

（统一编号00000226；单位编号2216）

【特征特性】 株高184.4 cm，叶数26片，节距4.7 cm，茎围12.2 cm，腰叶长70.4 cm、宽33.4 cm。花冠长度5.2 cm，花冠直径2.6 cm，花萼长度2.3 cm；植株筒形，叶形椭圆，叶尖急尖，叶面较皱，叶色绿，叶片厚度较厚，主脉中等。花序密集、菱形，花色白色，有花冠尖；种子褐色、卵圆形。移栽至中心花开放49天，生育期140天。

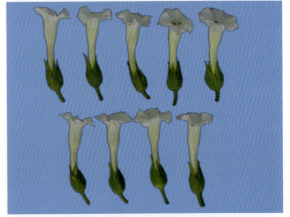

89.黄苗松边2217

（统一编号00000227；单位编号2217）

【**特征特性**】　株高131.8 cm，叶数30片，节距3.3 cm，茎围9.8 cm，腰叶长62.2 cm、宽27.8 cm。花冠长度5.0 cm，花冠直径2.3 cm，花萼长度1.7 cm；植株筒形，叶形长椭圆，叶尖渐尖，叶面较平，叶色绿，叶片厚度较薄，主脉中等。花序松散、倒锥形，花色淡红，有花冠尖；种子褐色、卵圆形。移栽至中心花开放55天，生育期96天。

90. 黄苗 2218

（统一编号 00000228；单位编号 2218）

【特征特性】　株高 180.4 cm，叶数 22 片，节距 5.8 cm，茎围 12.2 cm，腰叶长 62.2 cm、宽 31.2 cm。花冠长度 5.3 cm，花冠直径 2.96 cm，花萼长度 1.6 cm；植株筒形，叶形椭圆，叶尖急尖，叶面较平，叶色绿，叶片厚度较厚，主脉中等。花序密集、球形，花色淡红，有花冠尖；种子褐色、卵圆形。移栽至中心花开放 50 天，生育期 139 天。

91. 黄苗竖把 2219

（统一编号00000229；单位编号2219）

【特征特性】 株高157.6 cm，叶数23片，节距4.8 cm，茎围10.7 cm，腰叶长65.2 cm、宽30.2 cm。花冠长度5.7 cm，花冠直径2.8 cm，花萼长度2.0 cm；植株筒形，叶形椭圆，叶尖渐尖，叶面较平，叶色绿，叶片厚度中等，主脉中等。花序松散、菱形，花色淡红，有花冠尖；种子褐色、卵圆形。移栽至中心花开放50天，生育期139天。

92. 黄苗 2220

（统一编号00000230；单位编号2220）

【特征特性】 株高155.2 cm，叶数20片，节距4.4 cm，茎围11.6 cm，腰叶长60.8 cm、宽40.1 cm。花冠长度4.8 cm，花冠直径2.5 cm，花萼长度1.9 cm；植株筒形，叶形宽椭圆，叶尖急尖，叶面较皱，叶色绿，叶片厚度较厚，主脉中等。花序密集、球形，花色淡红，无花冠尖；种子褐色、卵圆形。移栽至中心花开放53天，生育期142天。

93. 黄苗二苯烟

（统一编号00000231；单位编号2221）

【特征特性】 株高178.0 cm，叶数22片，节距5.2 cm，茎围12.1 cm，腰叶长71.4 cm、宽41.2 cm。花冠长度5.2 cm，花冠直径2.6 cm，花萼长度2.3 cm；植株筒形，叶形宽椭圆，叶尖急尖，叶面较皱，叶色绿，叶片厚度较厚，主脉中等。花序密集、菱形，花色淡红，有花冠尖；种子褐色、卵圆形。移栽至中心花开放49天，生育期142天。

94.黄苗歪筋

（统一编号00000232；单位编号2222）

【特征特性】 株高163.2 cm，叶数21片，节距4.8 cm，茎围11.0 cm，腰叶长65.2 cm、宽36.4 cm。花冠长度5.3 cm，花冠直径2.9 cm，花萼长度2.2 cm；植株筒形，叶形宽椭圆，叶尖渐尖，叶面较平，叶色绿，叶片厚度中等，主脉中等。花序密集、菱形，花色淡红，有花冠尖；种子褐色、卵圆形。移栽至中心花开放45天，生育期138天。

95.模模黄

（统一编号00000233；单位编号2223）

【特征特性】 株高121.6 cm，叶数32片，节距2.8 cm，茎围12.9 cm，腰叶长61.8 cm、宽31.5 cm。花冠长度5.5 cm，花冠直径2.4 cm，花萼长度1.9 cm；植株筒形，叶形宽椭圆，叶尖急尖，叶面较平，叶色绿，叶片厚度较薄，主脉中等。花序松散、菱形，花色淡红，有花冠尖；种子褐色、卵圆形。移栽至中心花开放69天，生育期108天。

96. 黄苗 2224

（统一编号00000234；单位编号2224）

【特征特性】 株高139.8 cm，叶数18片，节距5.8 cm，茎围10.8 cm，腰叶长74.8 cm、宽33.0 cm。花冠长度5.2 cm，花冠直径2.5 cm，花萼长度1.9 cm；植株筒形，叶形长椭圆，叶尖渐尖，叶面较平，叶色绿，叶片厚度中等，主脉中等。花序密集、菱形，花色淡红，有花冠尖；种子褐色、卵圆形。移栽至中心花开放48天，生育期140天。

97. 黄苗保险 2225

（统一编号 00000235；单位编号 2225）

【特征特性】 株高 151.2 cm，叶数 20 片，节距 4.9 cm，茎围 12.7 cm，腰叶长 74.6 cm、宽 31.0 cm。花冠长度 5.7 cm，花冠直径 2.4 cm，花萼长度 2.0 cm；植株筒形，叶形长椭圆，叶尖急尖，叶面较皱，叶色绿，叶片厚度中等，主脉中等。花序密集、倒圆锥形，花色淡红，有花冠尖；种子褐色、卵圆形。移栽至中心花开放 47 天，生育期 140 天。

98. 大黄苗 2226

（统一编号 00000236；单位编号 2226）

【特征特性】 株高 157.2 cm，叶数 20 片，节距 5.5 cm，茎围 12.8 cm，腰叶长 75.6 cm、宽 36.4 cm。花冠长度 5.4 cm，花冠直径 2.0 cm，花萼长度 2.1 cm。植株筒形，叶形椭圆，叶尖急尖，叶面较平，叶色绿，叶片厚度中等，主脉中等。花序密集、球形，花色淡红，有花冠尖；种子褐色、卵圆形。移栽至中心花开放 54 天，生育期 144 天。

99. 黄苗榆 2227

（统一编号 00000237；单位编号 2227）

【特征特性】 株高 175.0 cm，叶数 23 片，节距 5.3 cm，茎围 12.8 cm，腰叶长 69.8 cm、宽 40.4 cm。花冠长度 5.3 cm，花冠直径 2.6 cm，花萼长度 2.4 cm。植株筒形，叶形宽椭圆，叶尖急尖，叶面较平，叶色绿，叶片厚度中等，主脉中等。花序密集、球形，花色淡红，有花冠尖；种子褐色、卵圆形。移栽至中心花开放 51 天，生育期 142 天。

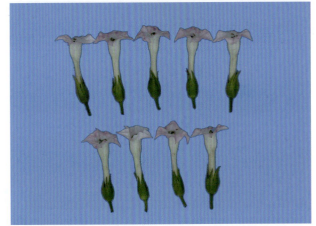

100.黄苗保险2228

（统一编号00000238；单位编号2228）

【特征特性】　株高172.8 cm，叶数22片，节距5.6 cm，茎围12.9 cm，腰叶长73.8 cm、宽39.6 cm。花冠长度5.7 cm，花冠直径2.7 cm，花萼长度2.1 cm。植株筒形，叶形宽椭圆，叶尖急尖，叶面较平，叶色绿，叶片厚度中等，主脉中等。花序密集、球形，花色淡红，有花冠尖；种子褐色、卵圆形。移栽至中心花开放50天，生育期140天。

100

101. 黄苗 2229

（统一编号 00000239；单位编号 2229）

【特征特性】 株高 117.2 cm，叶数 22 片，节距 3.4 cm，茎围 9.8 cm，腰叶长 61.0 cm、宽 29.6 cm。花冠长度 4.5 cm，花冠直径 2.0 cm，花萼长度 1.4 cm。植株筒形，叶形椭圆，叶尖渐尖，叶面较平，叶色绿，叶片厚度较薄，主脉中等。花序松散、球形，花色淡红，有花冠尖；种子褐色、卵圆形。移栽至中心花开放 50 天，生育期 100 天。

102. 黄苗 2230

（统一编号00000240；单位编号2230）

【特征特性】　株高156.6 cm，叶数30片，节距4.2 cm，茎围10.1 cm，腰叶长60.6 cm、宽30.2 cm。花冠长度5.1 cm，花冠直径2.3 cm，花萼长度1.6 cm。植株筒形，叶形长椭圆，叶尖急尖，叶面较皱，叶色绿，叶片厚度较薄，主脉中等。花序松散、菱形，花色淡红，有花冠尖；种子褐色、椭圆形。移栽至中心花开放56天，生育期100天。

103. 黄苗 2231

（统一编号00000241；单位编号2231）

【特征特性】　株高123.8 cm，叶数25片，节距2.8 cm，茎围12.3 cm，腰叶长64.4 cm、宽32.9 cm。花冠长度4.5 cm，花冠直径2.1 cm，花萼长度1.7 cm。植株筒形，叶形椭圆，叶尖急尖，叶面较平，叶色深绿，叶片厚度较薄，主脉中等。花序松散、菱形，花色淡红，有花冠尖；种子褐色、椭圆形。移栽至中心花开放53天，生育期100天。

104. 大黄苗2232

（统一编号00000242；单位编号2232）

【特征特性】 株高174.6 cm，叶数20片，节距5.7 cm，茎围13.2 cm，腰叶长76.6 cm、宽38.6 cm。花冠长度5.5 cm，花冠直径2.9 cm，花萼长度2.2 cm。植株筒形，叶形椭圆，叶尖急尖，叶面较平，叶色绿，叶片厚度中等，主脉中等。花序密集、菱形，花色淡红，有花冠尖；种子褐色、卵圆形。移栽至中心花开放48天，生育期139天。

105.黄苗蔓光

（统一编号00000243；单位编号2233）

【特征特性】　株高161.0 cm，叶数22片，节距5.7 cm，茎围12.6 cm，腰叶长70.6 cm、宽38.2 cm。花冠长度5.3 cm，花冠直径2.9 cm，花萼长度2.5 cm。植株筒形，叶形椭圆，叶尖渐尖，叶面较平，叶色绿，叶片厚度中等，主脉中等。花序密集、扁球形，花色淡红，有花冠尖；种子褐色、卵圆形。移栽至中心花开放55天，生育期145天。

106.黄苗榆2234

（统一编号00000244；单位编号2234）

【特征特性】　株高187.4 cm，叶数25片，节距4.2 cm，茎围14.0 cm，腰叶长75.2 cm、宽39.4 cm。花冠长度5.0 cm，花冠直径2.2 cm，花萼长度1.5 cm。植株筒形，叶形椭圆，叶尖渐尖，叶面较平，叶色绿，叶片厚度中等，主脉中等。花序松散、菱形，花色淡红，有花冠尖；种子褐色、卵圆形。移栽至中心花开放54天，生育期145天。

107. 黄苗榆 2235

（统一编号 00000245；单位编号 2235）

【特征特性】　株高 201.2 cm，叶数 23 片，节距 4.2 cm，茎围 13.1 cm，腰叶长 74.0 cm、宽 40.0 cm。花冠长度 5.2 cm，花冠直径 2.2 cm，花萼长度 1.7 cm。植株筒形，叶形椭圆，叶尖渐尖，叶面平，叶色绿，叶片厚度中等，主脉中等。花序松散、球形，花色淡红，有花冠尖；种子褐色、卵圆形。移栽至中心花开放 58 天，生育期 146 天。

108.大黄苗2236

（统一编号00000246；单位编号2236）

【特征特性】 株高168.4 cm，叶数22片，节距5.0 cm，茎围13.5 cm，腰叶长75.6 cm、宽45.4 cm。花冠长度4.8 cm，花冠直径2.4 cm，花萼长度1.7 cm。植株筒形，叶形宽椭圆，叶尖急尖，叶面平，叶色绿，叶片厚度中等，主脉中等。花序密集、球形，花色白色，有花冠尖；种子褐色、卵圆形。移栽至中心花开放55天，生育期144天。

109. 黄苗码子稠

（统一编号 00000247；单位编号 2237）

【特征特性】　株高 179.8 cm，叶数 21 片，节距 6.2 cm，茎围 12.8 cm，腰叶长 66.8 cm、宽 41.6 cm。花冠长度 5.7 cm，花冠直径 2.3 cm，花萼长度 2.4 cm。植株筒形，叶形宽椭圆，叶尖急尖，叶面较平，叶色绿，叶片厚度中等，主脉中等。花序密集、球形，花色淡红，有花冠尖；种子褐色、卵圆形。移栽至中心花开放 54 天，生育期 144 天。

110. 大黄苗2238

（统一编号00000248；单位编号2238）

【特征特性】　株高179.6 cm，叶数24片，节距4.9 cm，茎围12.6 cm，腰叶长64.2 cm、宽37.6 cm。花冠长度5.2 cm，花冠直径2.3 cm，花萼长度2.2 cm。植株筒形，叶形宽椭圆，叶尖急尖，叶面较平，叶色绿，叶片厚度中等，主脉中等。花序密集、球形，花色淡红，有花冠尖；种子褐色、卵圆形。移栽至中心花开放51天，生育期142天。

111.黄叶烟

（统一编号00000249；单位编号2239）

【特征特性】 株高170.4 cm，叶数23片，节距6.1 cm，茎围11.8 cm，腰叶长65.6 cm、宽38.4 cm。花冠长度5.5 cm，花冠直径2.9 cm，花萼长度2.4 cm。植株筒形，叶形宽椭圆，叶尖急尖，叶面较平，叶色绿，叶片厚度中等，主脉中等。花序密集、球形，花色淡红，有花冠尖；种子褐色，卵圆形。移栽至中心花开放53天，生育期142天。

112.黄苗竖把2240

（统一编号00000250；单位编号2240）

【特征特性】 株高153.4 cm，叶数22片，节距4.1 cm，茎围14.2 cm，腰叶长74.2 cm、宽42.8 cm。花冠长度5.3 cm，花冠直径2.9 cm，花萼长度2.4 cm。植株筒形，叶形宽椭圆，叶尖急尖，叶面较平，叶色绿，叶片厚度较薄，主脉中等。花序密集、球形，花色淡红，有花冠尖；种子褐色、卵圆形。移栽至中心花开放52天，生育期143天。

113. 黄苗竖把2241

（统一编号00000251；单位编号2241）

【特征特性】 株高191.0 cm，叶数23片，节距6.2 cm，茎围13.1 cm，腰叶长78.8 cm、宽41.8 cm。花冠长度5.1 cm，花冠直径2.9 cm，花萼长度2.0 cm。植株筒形，叶形宽椭圆，叶尖渐尖，叶面平，叶色绿，叶片厚度较厚，主脉中等。花序密集、菱形，花色淡红，有花冠尖；种子褐色、卵圆形。移栽至中心花开放44天，生育期138天。

114.长柄黄

（统一编号00000252；单位编号2242）

【特征特性】　株高154.0 cm，叶数18片，节距6.5 cm，茎围13.2 cm，腰叶长74.2 cm、宽37.2 cm。花冠长度5.7 cm，花冠直径2.4 cm，花萼长度2.1 cm。植株筒形，叶形椭圆，叶尖渐尖，叶面较厚，叶色绿，叶片厚度较厚，主脉中等。花序密集、球形，花色淡红，有花冠尖；种子褐色、卵圆形。移栽至中心花开放49天，生育期138天。

115. 自来黄 2243

（统一编号00000253；单位编号2243）

【特征特性】　株高166.4 cm，叶数20片，节距5.8 cm，茎围13.1 cm，腰叶长72.4 cm、宽39.8 cm。花冠长度4.9 cm，花冠直径2.7 cm，花萼长度2.3 cm。植株筒形，叶形宽椭圆，叶尖急尖，叶面平，叶色绿，叶片厚度较厚，主脉中等。花序密集、球形，花色淡红，有花冠尖；种子褐色、卵圆形。移栽至中心花开放50天，生育期139天。

116.黄苗竖脖烟

（统一编号00000254；单位编号2244）

【特征特性】 株高156.8 cm，叶数22片，节距4.6 cm，茎围13.2 cm，腰叶长76.4 cm、宽34.6 cm。花冠长度5.9 cm，花冠直径2.9 cm，花萼长度2.7 cm。植株筒形，叶形椭圆，叶尖急尖，叶面较平，叶色绿，叶片厚度较厚，主脉中等。花序密集、球形，花色淡红，有花冠尖；种子褐色、卵圆形。移栽至中心花开放55天，生育期145天。

117. 黄苗二苤烟2245

（统一编号00000255；单位编号2245）

【特征特性】 株高181.4 cm，叶数24片，节距5.2 cm，茎围13.0 cm，腰叶长69.2 cm、宽41.4 cm。花冠长度5.1 cm，花冠直径2.6 cm，花萼长度2.2 cm。植株筒形，叶形宽椭圆，叶尖急尖，叶面较平，叶色绿，叶片厚度较厚，主脉中等。花序密集、球形，花色淡红，有花冠尖；种子褐色、卵圆形。移栽至中心花开放51天，生育期140天。

118.高顶黄烟

（统一编号00000256；单位编号2246）

【特征特性】 株高164.4 cm，叶数23片，节距6.4 cm，茎围12.0 cm，腰叶长75.0 cm、宽38.4 cm。花冠长度6.2 cm，花冠直径2.6 cm，花萼长度2.3 cm。植株筒形，叶形椭圆，叶尖急尖，叶面较平，叶色绿，叶片厚度较厚，主脉中等。花序松散、菱形，花色淡红，有花冠尖；种子褐色、卵圆形。移栽至中心花开放58天，生育期147天。

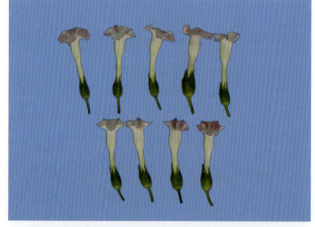

119.胎里黄2247

（统一编号00000257；单位编号2247）

【特征特性】　株高117.8 cm，叶数28片，节距2.5 cm，茎围11.9 cm，腰叶长58.2 cm、宽27.6 cm。花冠长度4.6 cm，花冠直径2.1 cm，花萼长度1.9 cm。植株筒形，叶形椭圆，叶尖渐尖，叶面较平，叶色深绿，叶片厚度较薄，主脉中等。花序松散、球形，花色淡红，有花冠尖；种子褐色、卵圆形。移栽至中心花开放69天，生育期108天。

120. 长脖黄

（统一编号00000258；单位编号2248）

【特征特性】　株高172.0 cm，叶数27片，节距4.3 cm，茎围14.2 cm，腰叶长83.8 cm、宽34.6 cm。花冠长度5.5 cm，花冠直径2.5 cm，花萼长度2.4 cm。植株筒形，叶形长椭圆，叶尖渐尖，叶面较平，叶色绿，叶片厚度较厚，主脉中等。花序密集、球形，花色淡红，有花冠尖；种子褐色、卵圆形。移栽至中心花开放54天，生育期144天。

【化学成分】　总糖22.19%，还原糖20.08%，总氮1.65%，蛋白质9.08%，烟碱1.23%，施木克值2.44，糖碱比18.04，氮碱比1.35。

【外观质量】　颜色橘黄，色度浓，油分多，身份厚，叶片结构疏松。

【香吃味】　香气有，吃味尚纯净，杂气有，刺激性较大，劲头适中，燃烧性强，灰色灰白。

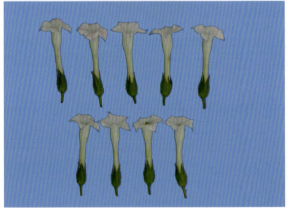

121.候村长脖黄

（统一编号00000259；单位编号2249）

【特征特性】　株高138.6 cm，叶数38片，节距2.8 cm，茎围11.6 cm，腰叶长61.8 cm、宽19.9 cm。花冠长度5.4 cm，花冠直径2.1 cm，花萼长度1.9 cm。植株筒形，叶形长椭圆，叶尖渐尖，叶面较皱，叶色绿，叶片厚度中等，主脉中等。花序密集、球形，花色淡红，有花冠尖；种子褐色、卵圆形。移栽至中心花开放65天，生育期101天。

【化学成分】　总糖20.94%，总氮1.93%，蛋白质11.0%，烟碱0.86%，施木克值1.90，糖碱比24.35，氮碱比2.24。

122. 黑苗 2306

（统一编号 00000261；单位编号 2306）

【特征特性】　株高 188.0 cm，叶数 25 片，节距 5.1 cm，茎围 12.5 cm，腰叶长 75.2 cm、宽 40.6 cm。花冠长度 5.6 cm，花冠直径 2.6 cm，花萼长度 2.0 cm。植株筒形，叶形宽椭圆，叶尖渐尖，叶面较平，叶色绿，叶片厚度中等，主脉中等。花序密集、菱形，花色淡红，有花冠尖；种子褐色、卵圆形。移栽至中心花开放 53 天，生育期 144 天。

【化学成分】　总氮 1.90%，蛋白质 10.60%，烟碱 1.68%，氮碱比 1.13。

123. 黑苗 2308

（统一编号00000262；单位编号2308）

【特征特性】　株高188.0 cm，叶数27片，节距5.1 cm，茎围12.7 cm，腰叶长69.4 cm、宽35.0 cm。花冠长度5.8 cm，花冠直径2.5 cm，花萼长度2.3 cm。植株筒形，叶形椭圆，叶尖急尖，叶面较平，叶色绿，叶片厚度中等，主脉中等。花序密集、菱形，花色淡红，有花冠尖；种子褐色、卵圆形。移栽至中心花开放53天，生育期145天。

124.黑苗榆

（统一编号00000263；单位编号2309）

【特征特性】 株高158.4 cm，叶数32片，节距3.7 cm，茎围11.1 cm，腰叶长55.8 cm、宽26.7 cm。花冠长度5.3 cm，花冠直径2.1 cm，花萼长度1.8 cm。植株筒形，叶形椭圆，叶尖渐尖，叶面较平，叶色绿，叶片厚度较薄，主脉中等。花序松散、倒圆锥形，花色淡红，有花冠尖；种子褐色、卵圆形。移栽至中心花开放62天，生育期123天。

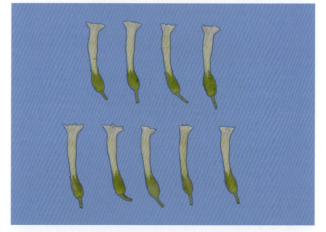

125. 黑苗松边

（统一编号00000264；单位编号2310）

【特征特性】 株高128.2 cm，叶数30片，节距2.9 cm，茎围10.9 cm，腰叶长57.2 cm、宽26.2 cm。花冠长度5.9 cm，花冠直径2.3 cm，花萼长度1.7 cm。植株筒形，叶形椭圆，叶尖渐尖，叶面较平，叶色绿，叶片厚度较薄，主脉中等。花序密集、球形，花色淡红，有花冠尖；种子褐色、卵圆形。移栽至中心花开放66天，生育期108天。

【化学成分】 总氮1.73%，蛋白质10.59%，烟碱1.49%，氮碱比1.16。

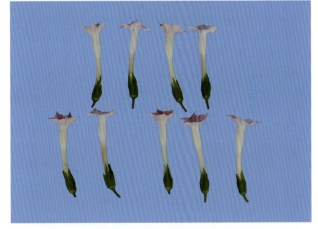

126.黑苗白筋2311

（统一编号00000265；单位编号2311）

【特征特性】　株高210.0 cm，叶数23片，节距6.0 cm，茎围12.9 cm，腰叶长69.8 cm、宽37.2 cm。花冠长度5.3 cm，花冠直径2.8 cm，花萼长度2.1 cm。植株筒形，叶形宽椭圆，叶尖渐尖，叶面较平，叶色绿，叶片厚度较厚，主脉中等。花序松散、菱形，花色淡红，有花冠尖；种子褐色、卵圆形。移栽至中心花开放46天，生育期140天。

【化学成分】　烟碱1.46%。

127. 黑苗2312

（统一编号00000266；单位编号2312）

【特征特性】　株高152.4 cm，叶数30片，节距3.6 cm，茎围11.2 cm，腰叶长52.4 cm、宽26.2 cm。花冠长度5.4 cm，花冠直径2.2 cm，花萼长度1.6 cm。植株筒形，叶形椭圆，叶尖渐尖，叶面较平，叶色绿，叶片厚度较薄，主脉中等。花序松散、菱形，花色淡红，有花冠尖；种子褐色、卵圆形。移栽至中心花开放67天，生育期96天。

128. 大黑苗 2313

（统一编号 00000267；单位编号 2313）

【特征特性】 株高 130.8 cm，叶数 25 片，节距 3.5 cm，茎围 9.3 cm，腰叶长 53.0 cm、宽 24.2 cm。花冠长度 5.4 cm，花冠直径 2.3 cm，花萼长度 1.8 cm。植株筒形，叶形椭圆，叶尖急尖，叶面较皱，叶色绿，叶片厚度较薄，主脉中等。花序松散、菱形，花色淡红，有花冠尖；种子褐色、卵圆形。移栽至中心花开放 62 天，生育期 108 天。

【化学成分】 总氮 1.68%，蛋白质 8.81%，烟碱 1.56%，氮碱比 1.08。

129.尖黑苗

（统一编号00000268；单位编号2314）

【特征特性】 株高172.0 cm，叶数23片，节距6.4 cm，茎围12.5 cm，腰叶长73.2 cm、宽36.6 cm。花冠长度6.1 cm，花冠直径2.3 cm，花萼长度2.6 cm。植株筒形，叶形椭圆，叶尖急尖，叶面较平，叶色绿，叶片厚度中等，主脉中等。花序密集、球形，花色淡红，有花冠尖；种子褐色、卵圆形。移栽至中心花开放49天，生育期139天。

130.原黑苗

（统一编号00000269；单位编号2315）

【特征特性】　株高161.0 cm，叶数23片，节距5.7 cm，茎围12.5 cm，腰叶长72.0 cm、宽37.2 cm。花冠长度5.5 cm，花冠直径2.5 cm，花萼长度2.1 cm。植株筒形，叶形椭圆，叶尖急尖，叶面较平，叶色深绿，叶片厚度较厚，主脉中等。花序松散、菱形，花色淡红，有花冠尖；种子褐色、卵圆形。移栽至中心花开放50天，生育期140天。

【化学成分】　总氮1.68%，蛋白质8.44%，烟碱1.93%，氮碱比0.87。

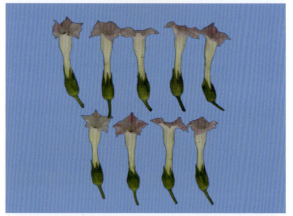

131. 大黑苗 2316

（统一编号00000270；单位编号2316）

【特征特性】　株高169.7 cm，叶数21片，节距6.2 cm，茎围7.6 cm，腰叶长66.3 cm、宽39.5 cm。花冠长度5.4 cm，花冠直径2.3 cm，花萼长度2.3 cm。植株筒形，叶形宽椭圆，叶尖急尖，叶色绿色，叶片厚度中等。花序密集、球形，花色白色，有花冠尖；种子褐色、卵圆形。移栽至中心花开放54天。

132.黑苗码子稠

（统一编号00000271；单位编号2317）

【特征特性】　株高127.0 cm，叶数21片，节距3.3 cm，茎围12.6 cm，腰叶长79.0 cm、宽31.2 cm。花冠长度5.3 cm，花冠直径2.4 cm，花萼长度1.9 cm。植株筒形，叶形长椭圆，叶尖尾状，叶面较皱，叶色深绿，叶片厚度较厚，主脉中等。花序密集、倒圆锥形，花色淡红，有花冠尖；种子褐色、卵圆形。移栽至中心花开放53天，生育期143天。

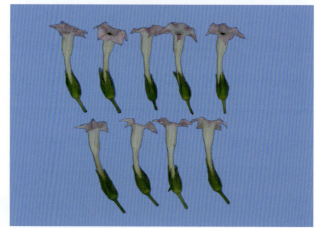

133. 黑苗 2318

（统一编号00000272；单位编号2318）

【**特征特性**】　株高185.6 cm，叶数23片，节距5.5 cm，茎围12.7 cm，腰叶长70.2 cm、宽35.8 cm。花冠长度5.8 cm，花冠直径2.8 cm，花萼长度2.5 cm。植株筒形，叶形椭圆，叶尖急尖，叶面较平，叶色绿，叶片厚度较厚，主脉中等。花序松散、菱形，花色淡红，有花冠尖；种子褐色、卵圆形。移栽至中心花开放49天，生育期140天。

134. 黑苗 2319

（统一编号 00000273；单位编号 2319）

【特征特性】 株高 153.0 cm，叶数 20 片，节距 5.3 cm，茎围 12.2 cm，腰叶长 67.0 cm、宽 35.6 cm。花冠长度 4.9 cm，花冠直径 2.6 cm，花萼长度 2.2 cm。植株筒形，叶形宽椭圆，叶尖急尖，叶面较平，叶色绿，叶片厚度较厚，主脉中等。花序密集、球形，花色淡红，有花冠尖；种子褐色、卵圆形。移栽至中心花开放 50 天，生育期 142 天。

135.高棵黑苗

（统一编号00000274；单位编号2320）

【**特征特性**】 株高171.0 cm，叶数20片，节距5.8 cm，茎围12.3 cm，腰叶长76.4 cm、宽37.0 cm。花冠长度5.9 cm，花冠直径2.5 cm，花萼长度2.0 cm。植株筒形，叶形椭圆，叶尖急尖，叶面较平，叶色绿，叶片厚度较厚，主脉中等。花序松散、菱形，花色淡红，有花冠尖；种子褐色、卵圆形。移栽至中心花开放57天，生育期147天。

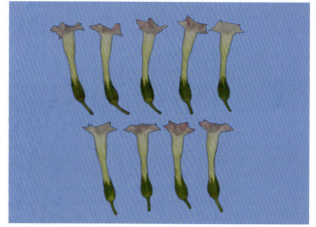

136. 黑苗 2321

（统一编号 00000275；单位编号 2321）

【特征特性】 株高 193.8 cm，叶数 22 片，节距 4.7 cm，茎围 14.2 cm，腰叶长 66.3 cm、宽 37.6 cm。花冠长度 5.2 cm，花冠直径 2.4 cm，花萼长度 1.6 cm。植株筒形，叶形宽椭圆，叶尖急尖，叶面较平，叶色绿，叶片厚度较厚，主脉中等。花序松散、菱形，花色淡红，有花冠尖；种子褐色、卵圆形。移栽至中心花开放 50 天，生育期 142 天。

137.黑苗2322

（统一编号00000276；单位编号2322）

【特征特性】　株高153.6 cm，叶数23片，节距4.9 cm，茎围12.4 cm，腰叶长70.2 cm、宽30.0 cm。花冠长度5.9 cm，花冠直径3.0 cm，花萼长度2.8 cm。植株筒形，叶形长椭圆，叶尖渐尖，叶面较平，叶色绿，叶片厚度较厚，主脉中等。花序密集、倒圆锥形，花色淡红，有花冠尖；种子褐色、卵圆形。移栽至中心花开放51天，生育期143天。

【化学成分】　总氮2.21%，蛋白质11.19%，烟碱2.96%，氮碱比0.75。

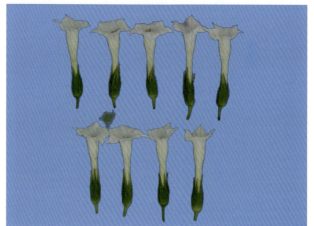

138. 小黑苗

（统一编号00000277；单位编号2324）

【特征特性】 株高158.0 cm，叶数24片，节距4.3 cm，茎围10.9 cm，腰叶长75.0 cm、宽28.0 cm。花冠长度5.8 cm，花冠直径2.9 cm，花萼长度2.6 cm。植株筒形，叶形长椭圆，叶尖尾状，叶面较平，叶色绿，叶片厚度较厚，主脉中等。花序密集、球形，花色淡红，有花冠尖；种子褐色、卵圆形。移栽至中心花开放60天，生育期150天。

139. 黑苗竖把2325

（统一编号00000278；单位编号2325）

【特征特性】　株高145.6 cm，叶数31片，节距4.3 cm，茎围9.8 cm，腰叶长60.6 cm、宽30.2 cm。花冠长度5.2 cm，花冠直径2.2 cm，花萼长度1.7 cm。植株筒形，叶形椭圆，叶尖渐尖，叶面较平，叶色绿，叶片厚度较薄，主脉中等。花序松散、球形，花色淡红，有花冠尖；种子褐色、卵圆形。移栽至中心花开放60天，生育期123天。

140.黑苗柳叶

（统一编号00000279；单位编号2326）

【特征特性】 株高244.0 cm，叶数31片，节距6.0 cm，茎围13.4 cm，腰叶长70.6 cm、宽34.8 cm。花冠长度5.3 cm，花冠直径2.5 cm，花萼长度2.1 cm。植株塔形，叶形椭圆，叶尖急尖，叶面较平，叶色绿，叶片厚度较厚，主脉中等。花序松散、倒圆锥形，花色淡红，有花冠尖；种子褐色、卵圆形。移栽至中心花开放54天，生育期145天。

【化学成分】 总糖16.67%，总氮1.53%，蛋白质8.44%，烟碱1.07%，施木克值1.98，糖碱比15.58，氮碱比1.43。

141. 黑苗 2327

（统一编号00000280；单位编号2327）

【特征特性】 株高200.0 cm，叶数23片，节距6.9 cm，茎围13.4 cm，腰叶长68.2 cm、宽39.8 cm。花冠长度6.0 cm，花冠直径2.8 cm，花萼长度2.5 cm。植株筒形，叶形宽椭圆，叶尖急尖，叶面较平，叶色绿，叶片厚度较厚，主脉中等。花序密集、球形，花色淡红，有花冠尖；种子褐色、卵圆形。移栽至中心花开放53天，生育期144天。

142. 大黑苗2328

（统一编号00000281；单位编号2328）

【特征特性】 株高151.8 cm，叶数23片，节距4.8 cm，茎围12.9 cm，腰叶长73.8 cm、宽34.8 cm。花冠长度5.2 cm，花冠直径2.2 cm，花萼长度2.0 cm。植株筒形，叶形椭圆，叶尖急尖，叶面较平，叶色绿，叶片厚度较厚，主脉中等。花序密集、球形，花色淡红，有花冠尖；种子褐色、卵圆形。移栽至中心花开放49天，生育期142天。

143.黑苗千斤塔

（统一编号00000282；单位编号2329）

【特征特性】 株高149.0 cm，叶数24片，节距4.1 cm，茎围13.3 cm，腰叶长72.8 cm、宽39.8 cm。花冠长度5.4 cm，花冠直径2.3 cm，花萼长度2.1 cm。植株筒形，叶形宽椭圆，叶尖急尖，叶面较平，叶色深绿，叶片厚度较厚，主脉中等。花序密集、球形，花色淡红，有花冠尖；种子褐色、卵圆形。移栽至中心花开放60天，生育期150天。

144.黑苗歪尖叶

（统一编号00000283；单位编号2330）

【特征特性】　株高196.4 cm，叶数29片，节距4.5 cm，茎围10.0 cm，腰叶长58.4 cm、宽24.6 cm。花冠长度5.6 cm，花冠直径2.3 cm，花萼长度2.1 cm。植株筒形，叶形长椭圆，叶尖渐尖，叶面较平，叶色绿，叶片厚度较薄，主脉中等。花序密集、菱形，花色淡红，有花冠尖；种子褐色、卵圆形。移栽至中心花开放68天，生育期108天。

145.黑苗宽柳尖叶

（统一编号00000284；单位编号2331）

【特征特性】 株高148.0 cm，叶数23片，节距4.5 cm，茎围12.9 cm，腰叶长69.6 cm、宽36.6 cm。花冠长度5.8 cm，花冠直径2.3 cm，花萼长度1.8 cm。植株筒形，叶形椭圆，叶尖渐尖，叶面较平，叶色绿，叶片厚度较厚，主脉中等。花序松散、菱形，花色淡红，有花冠尖；种子褐色、卵圆形。移栽至中心花开放54天，生育期145天。

146.黑苗核桃纹

（统一编号00000285；单位编号2332）

【特征特性】　株高138.8 cm，叶数30片，节距3.3 cm，茎围11.3 cm，腰叶长78.8 cm、宽27.5 cm。花冠长度5.3 cm，花冠直径2.4 cm，花萼长度1.7 cm。植株筒形，叶形长椭圆，叶尖尾状，叶面较平，叶色绿，叶片厚度较薄，主脉中等。花序松散、菱形，花色淡红，有花冠尖；种子褐色、卵圆形。移栽至中心花开放60天，生育期108天。

147.大筋黑苗烟

（统一编号00000286；单位编号2333）

【特征特性】 株高139.8 cm，叶数30片，节距3.5 cm，茎围9.1 cm，腰叶长61.6 cm、宽23.2 cm。花冠长度5.1 cm，花冠直径2.2 cm，花萼长度1.9 cm。植株筒形，叶形长椭圆，叶尖渐状，叶面较平，叶色绿，叶片厚度较薄，主脉中等。花序松散、菱形，花色淡红，有花冠尖；种子褐色、卵圆形。移栽至中心花开放53天，生育期113天。

【化学成分】 总氮1.68%，蛋白质10.18%，烟碱1.76%，氮碱比0.95。

148.黑苗柳叶稀

（统一编号00000287；单位编号2334）

【特征特性】 株高164.8 cm，叶数27片，节距4.6 cm，腰叶长51.5 cm、宽21.7 cm。植株筒形，叶形长椭圆，叶尖渐尖，叶色绿，叶片厚度较厚。花序松散、球形，花色淡红，有花冠尖；种子褐色、卵圆形。移栽至中心花开放65天，生育期116天。

149.黑苗柳叶尖

（统一编号00000288；单位编号2335）

【特征特性】 株高134.4 cm，叶数27片，节距3.7 cm，茎围9.4 cm，腰叶长57.0 cm、宽22.8 cm。花冠长度5.0 cm，花冠直径2.2 cm，花萼长度1.8 cm。植株筒形，叶形长椭圆，叶尖渐尖，叶面较平，叶色绿，叶片厚度较薄，主脉中等。花序密集、球形，花色淡红，有花冠尖；种子褐色、卵圆形。移栽至中心花开放59天，生育期113天。

150.黑叶烟

（统一编号00000289；单位编号2336）

【特征特性】　株高59.0 cm，叶数10片，节距5.84 cm，茎围8.6 cm，腰叶长48.4 cm、宽33.0 cm。花冠长度5.7 cm，花冠直径3.08 cm，花萼长度2.28 cm。植株筒形，叶形宽椭圆，叶尖急尖，叶面平，叶色绿，叶片厚度较厚，主脉中等。花序松散、菱形，花色淡红，有花冠尖；种子褐色、卵圆形。移栽至中心花开放37天，生育期137天。

【化学成分】　烟碱2.95%。

151. 黑苗 2337

（统一编号00000290；单位编号2337）

【特征特性】　株高161.2 cm，叶数33片，节距3.8 cm，茎围10.5 cm，腰叶长54.6 cm、宽25.9 cm。花冠长度5.0 cm，花冠直径2.2 cm，花萼长度1.6 cm。植株筒形，叶形椭圆，叶尖渐尖，叶面较平，叶色绿，叶片厚度较薄，主脉中等。花序密集、球形，花色淡红，有花冠尖；种子褐色、椭圆形。移栽至中心花开放60天，生育期101天。

【化学成分】　总氮1.63%，蛋白质8.13%，烟碱1.92%，氮碱比0.85。

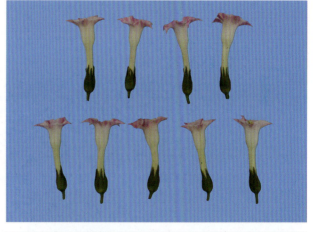

152.黑苗白筋2338

（统一编号00000291；单位编号2338）

【特征特性】 株高63.2 cm，叶数14片，节距3.7 cm，茎围8.6 cm，腰叶长54.8 cm、宽26.2 cm。花冠长度5.5 cm，花冠直径2.8 cm，花萼长度2.5 cm。植株筒形，叶形椭圆，叶尖渐尖，叶面较皱，叶色绿，叶片厚度较厚，主脉中等。花序密集、球形，花色淡红，有花冠尖；种子褐色、卵圆形。移栽至中心花开放39天，生育期133天。

【化学成分】 烟碱0.97%。

153.黑苗毛烟

（统一编号00000292；单位编号2339）

【特征特性】　株高133.6 cm，叶数27片，节距3.6 cm，茎围10.1 cm，腰叶长69.0 cm、宽34.5 cm。花冠长度5.0 cm，花冠直径2.1 cm，花萼长度1.6 cm。植株筒形，叶形椭圆，叶尖渐尖，叶面平，叶色绿，叶片厚度较薄，主脉中等。花序松散、菱形，花色淡红，有花冠尖；种子褐色、椭圆形。移栽至中心花开放59天，生育期123天。

154. 黑苗 2340

（统一编号00000293；单位编号2340）

【特征特性】　株高127.0 cm，叶数27片，节距3.4 cm，茎围9.0 cm，腰叶长61.6 cm、宽23.4 cm。花冠长度5.1 cm，花冠直径2.0 cm，花萼长度1.6 cm。植株筒形，叶形长椭圆，叶尖渐尖，叶面较平，叶色绿，叶片厚度较薄，主脉中等。花序密集、球形，花色淡红，有花冠尖；种子褐色、卵圆形。移栽至中心花开放59天，生育期123天。

【化学成分】　总氮2.05%，蛋白质10.75%，烟碱1.89%，氮碱比1.08。

155. 黑苗 2341

（统一编号 00000294；单位编号 2341）

【特征特性】 株高 120.4 cm，叶数 20 片，节距 4.4 cm，茎围 7.9 cm，腰叶长 60.2 cm、宽 22.6 cm。花冠长度 4.5 cm，花冠直径 2.1 cm，花萼长度 1.6 cm。植株筒形，叶形椭圆，叶尖渐状，叶面较平，叶色绿，叶片厚度较薄，主脉中等。花序松散、菱形，花色淡红，有花冠尖；种子褐色、卵圆形。移栽至中心花开放 47 天，生育期 96 天。

156. 黑苗 2342

（统一编号00000295；单位编号2342）

【特征特性】　株高141.8 cm，叶数30片，节距3.3 cm，茎围11.4 cm，腰叶长67.4 cm、宽26.5 cm。花冠长度4.5 cm，花冠直径2.0 cm，花萼长度1.4 cm。植株筒形，叶形长椭圆，叶尖尾状，叶面较平，叶色绿，叶片厚度较薄，主脉中等。花序密集、球形，花色淡红，有花冠尖；种子褐色、卵圆形。移栽至中心花开放59天，生育期113天。

【化学成分】　烟碱3.07%。

157. 黑苗烟2343

（统一编号00000296；单位编号2343）

【特征特性】 株高135.6 cm，叶数24片，节距4.3 cm，茎围9.7 cm，腰叶长65.0 cm、宽25.5 cm。花冠长度5.1 cm，花冠直径2.1 cm，花萼长度1.4 cm。植株筒形，叶形长椭圆，叶尖急尖，叶面较平，叶色绿，叶片厚度较薄，主脉中等。花序松散、菱形，花色淡红，有花冠尖；种子褐色、卵圆形。移栽至中心花开放50天，生育期101天。

158.黑苗2344

（统一编号00000297；单位编号2344）

【特征特性】 株高162.0 cm，叶数21片，节距4.6 cm，茎围8.9 cm，腰叶长67.2 cm、宽23.1 cm。花冠长度4.9 cm，花冠直径2.4 cm，花萼长度2.0 cm。植株筒形，叶形长椭圆，叶尖急尖，叶面较平，叶色绿，叶片厚度较薄，主脉中等。花序松散、球形，花色淡红，有花冠尖；种子褐色、卵圆形。移栽至中心花开放46天，生育期96天。

【化学成分】 烟碱1.83%。

159. 黑苗 2345

（统一编号00000298；单位编号2345）

【特征特性】 株高135.2 cm，叶数27片，节距3.7 cm，茎围9.7 cm，腰叶长59.3 cm、宽23.4 cm。花冠长度5.0 cm，花冠直径2.1 cm，花萼长度1.8 cm。植株筒形，叶形长椭圆，叶尖急尖，叶面较平，叶色绿，叶片厚度较薄，主脉中等。花序松散、菱形，花色淡红，有花冠尖；种子褐色、卵圆形。移栽至中心花开放53天，生育期96天。

【化学成分】 总糖14.77%，总氮1.94%，蛋白质10.06%，烟碱1.89%，施木克值1.47，糖碱比7.81，氮碱比1.03。

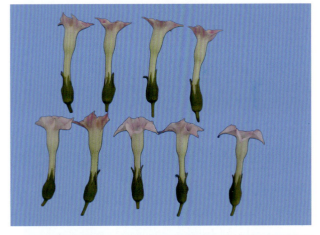

160. 黑苗烟 2346

（统一编号 00000299；单位编号 2346）

【特征特性】 株高 122.6 cm，叶数 22 片，节距 3.9 cm，茎围 3.9 cm，腰叶长 65.4 cm、宽 27.1 cm。花冠长度 4.7 cm，花冠直径 2.2 cm，花萼长度 1.6 cm。植株筒形，叶形长椭圆，叶尖渐尖，叶面较平，叶色绿，叶片厚度较薄，主脉中等。花序密集、球形，花色淡红，有花冠尖；种子褐色、卵圆形。移栽至中心花开放 53 天，生育期 113 天。

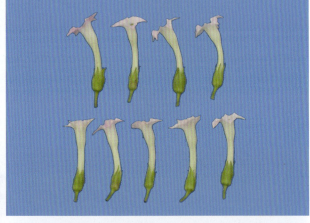

161. 黑苗烟2347

（统一编号00000300；单位编号2347）

【特征特性】　株高124.6 cm，叶数30片，节距3.1 cm，茎围10.0 cm，腰叶长62.4 cm、宽24.6 cm。花冠长度4.9 cm，花冠直径2.2 cm，花萼长度1.4 cm。植株筒形，叶形长椭圆，叶尖急尖，叶面较平，叶色绿，叶片厚度较薄，主脉中等。花序密集、菱形，花色淡红，有花冠尖；种子褐色、卵圆形。移栽至中心花开放58天，生育期113天。

【化学成分】　烟碱1.05%。

162.高棵松边

（统一编号00000302；单位编号2401）

【特征特性】　株高73.8 cm，叶数13片，节距3.96 cm，茎围9.2 cm，腰叶长68.4 cm、宽36.2 cm。花冠长度5.9 cm，花冠直径2.5 cm，花萼长度2.02 cm。植株筒形，叶形宽椭圆，叶尖急尖，叶面较皱，叶色绿，叶片厚度中等，主脉中等。花序密集、球形，花色淡红，有花冠尖；种子褐色、卵圆形。移栽至中心花开放46天，生育期137天。

163.高棵白筋

（统一编号00000303；单位编号2402）

【特征特性】 株高127.0 cm，叶数24片，节距4.02 cm，茎围10.1 cm，腰叶长56.4 cm、宽28.6 cm。花冠长度5.92 cm，花冠直径2.54 cm，花萼长度1.92 cm。植株筒形，叶形椭圆，叶尖急尖，叶面较皱，叶色绿，叶片厚度中等，主脉中等。花序密集、球形，花色红，有花冠尖；种子褐色、卵圆形。移栽至中心花开放62天，生育期151天。

164. 蔓光烟 2405

（统一编号00000304；单位编号2405）

【特征特性】　株高114.0 cm，叶数26片，节距3.2 cm，茎围10.1 cm，腰叶长56.7 cm、宽29.3 cm。花冠长度5.9 cm，花冠直径2.9 cm，花萼长度2.0 cm。植株筒形，叶形椭圆，叶尖急尖，叶面较平，叶色绿，叶片厚度中等，主脉中等。花序密集、球形，花色红色，有花冠尖；种子褐色、卵圆形。移栽至中心花开放57天，生育期143天。

【化学成分】　总糖12.7%，总氮2.46%，蛋白质12.68%，烟碱2.50%，施木克值0.95，糖碱比4.83，氮碱比0.98。

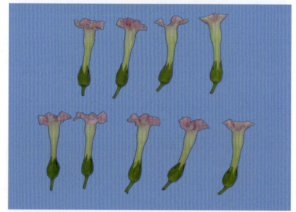

165. 懒出头

（统一编号00000305；单位编号2406）

【特征特性】 株高87.6 cm，叶数16片，节距3.8 cm，茎围9.4 cm，腰叶长51.3 cm、宽33.0 cm。花冠长度5.9 cm，花冠直径2.5 cm，花萼长度2.1 cm。植株筒形，叶形宽椭圆，叶尖急尖，叶面较皱，叶色绿，叶片厚度中等，主脉中等。花序密集、球形，花色淡红，有花冠尖；种子褐色、卵圆形。移栽至中心花开放53天，生育期147天。

【化学成分】 烟碱3.09%。

166.匀烟

（统一编号00000306；单位编号2407）

【特征特性】　株高74.0 cm，叶数16片，节距3.5 cm，茎围8.4 cm，腰叶长44.8 cm、宽23.2 cm。花冠长度4.4 cm，花冠直径1.5 cm，花萼长度1.4 cm。植株筒形，叶形椭圆，叶尖急尖，叶面较平，叶色绿，叶片厚度中等，主脉中等。花序密集、球形，花色红色，有花冠尖；种子褐色、卵圆形。移栽至中心花开放51天，生育期137天。

【化学成分】　总氮1.91%，蛋白质9.63%，烟碱2.11%，氮碱比0.91。

167.磨磨黄2409

（统一编号00000307；单位编号2409）

【特征特性】 株高57.0 cm，叶数10片，节距2.2 cm，茎围7.4 cm，腰叶长51.2 cm、宽25.4 cm。花冠长度5.4 cm，花冠直径2.3 cm，花萼长度2.3 cm。植株筒形，叶形椭圆，叶尖渐尖，叶面较平，叶色绿，叶片厚度较薄，主脉中等。花序密集、球形，花色淡红，有花冠尖；种子褐色、卵圆形。移栽至中心花开放36天，生育期133天。

168. 胎里肥2411

（统一编号00000308；单位编号2411）

【特征特性】　株高44.8 cm，叶数9片，节距5.2 cm，茎围6.9 cm，腰叶长48.8 cm、宽28.8 cm。花冠长度4.8 cm，花冠直径2.7 cm，花萼长度2.3 cm。植株筒形，叶形宽椭圆，叶尖急尖，叶面较平，叶色绿，叶片厚度较厚，主脉中等。花序密集、球形，花色红色，有花冠尖；种子褐色、卵圆形。移栽至中心花开放36天，生育期133天。

【化学成分】　烟碱0.67%。

169.胎里肥2412

（统一编号00000309；单位编号2412）

【特征特性】 株高82.2 cm，叶数22片，节距3.6 cm，茎围10.0 cm，腰叶长58.4 cm、宽33.4 cm。花冠长度5.7 cm，花冠直径2.7 cm，花萼长度2.0 cm。植株筒形，叶形宽椭圆，叶尖渐尖，叶面较平，叶色绿，叶片厚度较厚，主脉中等。花序密集、球形，花色淡红，有花冠尖；种子褐色、卵圆形。移栽至中心花开放55天，生育期151天。

【化学成分】 烟碱1.07%。

170.一丈青

（统一编号00000310；单位编号2413）

【特征特性】 株高121.4 cm，叶数26片，节距4.9 cm，茎围11.2 cm，腰叶长59.6 cm、宽28.8 cm。花冠长度6.0 cm，花冠直径2.7 cm，花萼长度1.9 cm。植株筒形，叶形椭圆，叶尖急尖，叶面较平，叶色绿，叶片厚度较厚，主脉中等。花序密集、菱形，花色红色，有花冠尖；种子褐色、卵圆形。移栽至中心花开放54天，生育期151天。

171. 毛烟 2414

（统一编号 00000311；单位编号 2414）

【特征特性】 株高 76.2 cm，叶数 13 片，节距 4.6 cm，茎围 9.7 cm，腰叶长 57.0 cm、宽 30.8 cm。花冠长度 5.0 cm，花冠直径 2.8 cm，花萼长度 2.0 cm。植株筒形，叶形宽椭圆，叶尖急尖，叶面较平，叶色绿，叶片厚度较薄，主脉中等。花序密集、球形，花色淡红，有花冠尖；种子褐色、卵圆形。移栽至中心花开放 46 天，生育期 142 天。

【化学成分】 总氮 1.47%，蛋白质 7.56%，烟碱 1.53%，氮碱比 0.96。

172.保险大白筋

（统一编号00000312；单位编号2415）

【特征特性】　株高65.2 cm，叶数22片，节距2.3 cm，茎围9.3 cm，腰叶长58.2 cm、宽21.2 cm。花冠长度6.0 cm，花冠直径3.2 cm，花萼长度2.4 cm。植株筒形，叶形长椭圆，叶尖渐尖，叶面较平，叶色绿，叶片厚度较厚，主脉中等。花序密集、球形，花色淡红，有花冠尖；种子褐色、卵圆形。移栽至中心花开放51天，生育期151天。

173.宽膀柳叶尖

（统一编号00000313；单位编号2416）

【**特征特性**】　株高52.6 cm，叶数10片，节距2.7 cm，茎围8.4 cm，腰叶长52.6 cm、宽26.0 cm。花冠长度5.8 cm，花冠直径2.7 cm，花萼长度2.4 cm。植株筒形，叶形椭圆，叶尖急尖，叶面平，叶色绿，叶片厚度较厚，主脉中等。花序密集、球形，花色淡红，有花冠尖；种子褐色、卵圆形。移栽至中心花开放40天，生育期133天。

174. 核桃纹 2417

（统一编号 00000314；单位编号 2417）

【特征特性】 株高 58.2 cm，叶数 11 片，节距 2.9 cm，茎围 7.1 cm，腰叶长 46.4 cm、宽 29.6 cm。花冠长度 6.0 cm，花冠直径 2.2 cm，花萼长度 1.7 cm。植株筒形，叶形宽椭圆，叶尖急尖，叶面较皱，叶色绿，叶片厚度中等，主脉中等。花序密集、菱形，花色红色，有花冠尖；种子褐色、卵圆形。移栽至中心花开放 40 天，生育期 138 天。

【化学成分】 总氮 1.84%，蛋白质 11.00%，烟碱 2.69%，氮碱比 0.68。

175.长脖烟

（统一编号00000315；单位编号2418）

【特征特性】　株高73.6 cm，叶数20片，节距2.7 cm，茎围8.8 cm，腰叶长48.0 cm、宽24.6 cm。花冠长度5.4 cm，花冠直径2.4 cm，花萼长度1.7 cm。植株筒形，叶形椭圆，叶尖急尖，叶面较平，叶色绿，叶片厚度中等，主脉中等。花序密集、菱形，花色红色，有花冠尖；种子褐色、卵圆形。移栽至中心花开放50天，生育期148天。

176. 泼拉机

（统一编号00000316；单位编号2419）

【特征特性】 株高79.2 cm，叶数20片，节距3.7 cm，茎围10.6 cm，腰叶长60.2 cm、宽31.4 cm。花冠长度5.4 cm，花冠直径2.5 cm，花萼长度2.3 cm。植株筒形，叶形椭圆，叶尖急尖，叶面平，叶色绿，叶片厚度较厚，主脉中等。花序密集、球形，花色红色，有花冠尖；种子褐色、卵圆形。移栽至中心花开放57天，生育期151天。

【化学成分】 总氮1.59%，蛋白质8.06%，烟碱1.75%，氮碱比0.91。

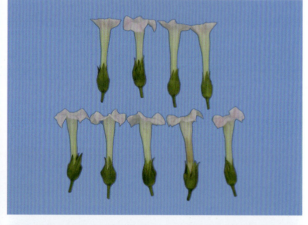

177. 保险烟 2420

（统一编号 00000317；单位编号 2420）

【特征特性】 株高 122.4 cm，叶数 21 片，节距 4.1 cm，茎围 8.2 cm，腰叶长 58.2 cm、宽 25.4 cm。花冠长度 6.2 cm，花冠直径 2.4 cm，花萼长度 2.2 cm。植株筒形，叶形长椭圆，叶尖渐尖，叶面较平，叶色绿，叶片厚度较薄，主脉中等。花序密集、球形，花色淡红，有花冠尖；种子褐色、卵圆形。移栽至中心花开放 36 天，生育期 135 天。

178.圆叶稠码

（统一编号00000318；单位编号2421）

【特征特性】　株高82.4 cm，叶数24片，节距3.2 cm，茎围9.8 cm，腰叶长58.0 cm、宽24.6 cm。花冠长度5.9 cm，花冠直径2.6 cm，花萼长度1.9 cm。植株筒形，叶形长椭圆，叶尖渐尖，叶面较平，叶色绿，叶片厚度中等，主脉中等。花序密集、球形，花色红色，有花冠尖；种子褐色、卵圆形。移栽至中心花开放57天，生育期151天。

179.毛烟

（统一编号00000319；单位编号2422）

【特征特性】 株高128.0 cm，叶数25片，节距3.4 cm，茎围10.1 cm，腰叶长60.2 cm、宽28.4 cm。花冠长度5.2 cm，花冠直径2.1 cm，花萼长度1.6 cm。植株筒形，叶形椭圆，叶尖急尖，叶面较平，叶色绿，叶片厚度较薄，主脉中等。花序密集、球形，花色淡红，有花冠尖；种子褐色、椭圆形。移栽至中心花开放58天，生育期123天。

180.长戈条

（统一编号00000320；单位编号2423）

【特征特性】　株高63.4 cm，叶数14片，节距3.6 cm，茎围8.6 cm，腰叶长54.6 cm、宽24.8 cm。花冠长度5.5 cm，花冠直径2.7 cm，花萼长度2.4 cm。植株筒形，叶形椭圆，叶尖急尖，叶面较皱，叶色绿，叶片厚度中等，主脉中等。花序密集、菱形，花色红色，有花冠尖；种子褐色、卵圆形。移栽至中心花开放41天，生育期133天。

181.保险烟2424

（统一编号00000321；单位编号2424）

【特征特性】 株高59.8 cm，叶数13片，节距3.5 cm，茎围8.5 cm，腰叶长49.6 cm、宽25.6 cm。花冠长度5.1 cm，花冠直径2.3 cm，花萼长度2.1 cm。植株筒形，叶形椭圆，叶尖急尖，叶面较平，叶色绿，叶片厚度较厚，主脉中等。花序密集、球形，花色淡红，有花冠尖；种子褐色、卵圆形。移栽至中心花开放43天，生育期133天。

【化学成分】 烟碱2.19%。

182. 保险烟2425

（统一编号00000322；单位编号2425）

【特征特性】 株高63.6 cm，叶数19片，节距3.5 cm，茎围9.0 cm，腰叶长56.3 cm、宽28.0 cm。花冠长度5.1 cm，花冠直径2.3 cm，花萼长度1.9 cm。植株筒形，叶形椭圆，叶尖急尖，叶面较平，叶色绿，叶片厚度中等，主脉中等。花序密集、球形，花色淡红，有花冠尖；种子褐色、卵圆形。移栽至中心花开放45天，生育期135天。

183.龙舌烟

（统一编号00000323；单位编号2426）

【特征特性】　株高144.0 cm，叶数21片，节距3.9 cm，茎围8.4 cm，腰叶长61.8 cm、宽26.4 cm。花冠长度5.9 cm，花冠直径2.3 cm，花萼长度1.9 cm。植株筒形，叶形长椭圆，叶尖渐状，叶面较平，叶色绿，叶片厚度较厚，主脉中等。花序密集，球形，花色淡红，有花冠尖；种子褐色，卵圆形。移栽至中心花开放71天，生育期123天。

184. 核桃纹 2427

（统一编号 00000324；单位编号 2427）

【特征特性】　株高 85.0 cm，叶数 20 片，节距 3.5 cm，茎围 9.1 cm，腰叶长 48.2 cm、宽 28.6 cm。花冠长度 5.2 cm，花冠直径 2.0 cm，花萼长度 1.9 cm。植株筒形，叶形宽椭圆，叶尖急尖，叶面较平，叶色绿，叶片厚度较厚，主脉中等。花序密集、球形，花色红色，有花冠尖；种子褐色、卵圆形。移栽至中心花开放 54 天，生育期 154 天。

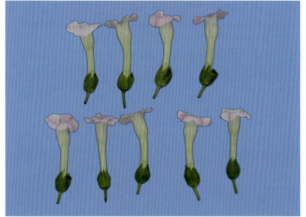

185.二苯烟

（统一编号00000325；单位编号2428）

【特征特性】　株高160.4 cm，叶数28片，节距2.8 cm，茎围9.0 cm，腰叶长56.6 cm、宽22.4 cm。花冠长度5.4 cm，花冠直径2.6 cm，花萼长度1.8 cm。植株筒形，叶形长椭圆，叶尖渐尖，叶面较皱，叶色绿，叶片厚度较厚，主脉中等。花序密集、球形，花色红色，有花冠尖；种子褐色、卵圆形。移栽至中心花开放64天，生育期157天。

186.毛把

（统一编号00000326；单位编号2429）

【特征特性】　株高132.6 cm，叶数30片，节距2.8 cm，茎围11.1 cm，腰叶长67.0 cm、宽24.4 cm。花冠长度4.7 cm，花冠直径2.0 cm，花萼长度1.7 cm。植株筒形，叶形椭圆，叶尖尾状，叶面较平，叶色绿，叶片厚度较薄，主脉中等。花序松散、菱形，花色淡红，有花冠尖；种子褐色、卵圆形。移栽至中心花开放58天，生育期113天。

【化学成分】　总氮1.83%，蛋白质11.21%，烟碱1.20%，氮碱比1.53。

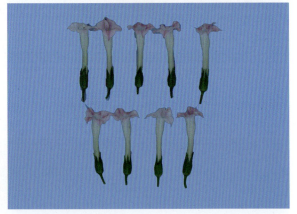

187. 大金边2430

（统一编号00000327；单位编号2430）

【特征特性】　株高160.7 cm，叶数26片，节距4.7 cm，茎围8.2 cm，腰叶长63.6 cm、宽29.8 cm。植株筒形，叶形椭圆，叶尖渐尖，叶色绿，叶片厚度中等。花序密集、倒圆锥形，花色淡红，有花冠尖；种子褐色、卵圆形。移栽至中心花开放61天，生育期145天。

188.莲花盆2432

（统一编号00000328；单位编号2432）

【特征特性】　株高54.4 cm，叶数17片，节距2.7 cm，茎围8.3 cm，腰叶长51.4 cm、宽26.0 cm。花冠长度5.1 cm，花冠直径2.1 cm，花萼长度2.0 cm。植株筒形，叶形椭圆，叶尖急尖，叶面较平，叶色绿，叶片厚度较厚，主脉中等。花序密集、球形，花色红色，有花冠尖；种子褐色、卵圆形。移栽至中心花开放50天，生育期137天。

189. 自来黄 2433

（统一编号00000329；单位编号2433）

【特征特性】　株高51.2 cm，叶数13片，节距2.9 cm，茎围8.3 cm，腰叶长53.4 cm、宽21.0 cm。花冠长度5.7 cm，花冠直径2.0 cm，花萼长度1.8 cm。植株筒形，叶形长椭圆，叶尖渐尖，叶面较平，叶色绿，叶片厚度中等，主脉中等。花序密集、菱形，花色淡红，有花冠尖；种子褐色、卵圆形。移栽至中心花开放52天，生育期147天。

190. 毛烟 2434

（统一编号00000330；单位编号2434）

【特征特性】 株高119.0 cm，叶数27片，节距3.5 cm，茎围10.0 cm，腰叶长58.0 cm、宽31.0 cm。花冠长度5.2 cm，花冠直径2.2 cm，花萼长度1.9 cm。植株筒形，叶形宽椭圆，叶尖急尖，叶面较平，叶色绿，叶片厚度较厚，主脉中等。花序密集、球形，花色淡红，有花冠尖；种子褐色、卵圆形。移栽至中心花开放61天，生育期154天。

【化学成分】 总糖11.28%，总氮1.32%，蛋白质6.75%，烟碱1.41%，施木克值1.67，糖碱比8.00，氮碱比0.94。

191. 茄棵

（统一编号00000331；单位编号2435）

【特征特性】 株高68.2 cm，叶数13片，节距4.1 cm，茎围7.3 cm，腰叶长58.4 cm、宽22.8 cm。花冠长度4.6 cm，花冠直径2.1 cm，花萼长度1.9 cm。植株筒形，叶形长椭圆，叶尖渐尖，叶面较平，叶色绿，叶片厚度较薄，主脉中等。花序松散、菱形，花色淡红，有花冠尖；种子褐色、卵圆形。移栽至中心花开放36天，生育期133天。

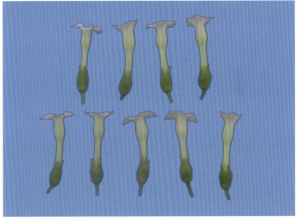

192.掩心烟 2436

（统一编号 00000332；单位编号 2436）

【特征特性】　株高 113.0 cm，叶数 22 片，节距 3.7 cm，茎围 8.9 cm，腰叶长 51.2 cm、宽 25.6 cm。花冠长度 5.5 cm，花冠直径 2.8 cm，花萼长度 1.9 cm。植株筒形，叶形椭圆，叶尖渐尖，叶面较平，叶色绿，叶片厚度较厚，主脉中等。花序密集、球形，花色淡红，有花冠尖；种子褐色、卵圆形。移栽至中心花开放 61 天，生育期 156 天。

【化学成分】　烟碱 2.43%。

193. 葵花烟 2437

（统一编号 00000333；单位编号 2437）

【特征特性】 株高 52.4 cm，叶数 11 片，节距 3.9 cm，茎围 8.1 cm，腰叶长 48.8 cm、宽 26.8 cm。花冠长度 5.3 cm，花冠直径 2.0 cm，花萼长度 1.7 cm。植株筒形，叶形宽椭圆，叶尖急尖，叶面较平，叶色绿，叶片厚度中等，主脉中等。花序松散、菱形，花色淡红，有花冠尖；种子褐色、卵圆形。移栽至中心花开放 44 天，生育期 146 天。

【化学成分】 总氮 1.79%，蛋白质 9.91%，烟碱 1.18%，氮碱比 1.52。

194.鹅脖烟

（统一编号00000334；单位编号2438）

【特征特性】 株高79.4 cm，叶数26片，节距2.7 cm，茎围10.0 cm，腰叶长60.2 cm、宽29.0 cm。花冠长度6.1 cm，花冠直径2.7 cm，花萼长度1.9 cm。植株筒形，叶形椭圆，叶尖急尖，叶面较皱，叶色绿，叶片厚度较厚，主脉中等。花序松散、菱形，花色红色，有花冠尖；种子褐色、卵圆形。移栽至中心花开放61天，生育期154天。

【化学成分】 烟碱1.12%。

195. 大松边

（统一编号00000335；单位编号2439）

【特征特性】 株高50.6 cm，叶数13片，节距2.8 cm，茎围9.3 cm，腰叶长56.0 cm、宽22.8 cm。花冠长度6.0 cm，花冠直径2.3 cm，花萼长度1.9 cm。植株筒形，叶形长椭圆，叶尖渐尖，叶面较皱，叶色绿，叶片厚度中等，主脉中等。花序密集、球形，花色红色，有花冠尖；种子褐色、卵圆形。移栽至中心花开放44天，生育期137天。

196. 三保险 2440

（统一编号 00000336；单位编号 2440）

【特征特性】　株高 88.0 cm，叶数 24 片，节距 3.0 cm，茎围 10.2 cm，腰叶长 58.6 cm、宽 28.4 cm。花冠长度 5.9 cm，花冠直径 2.9 cm，花萼长度 2.1 cm。植株筒形，叶形椭圆，叶尖急尖，叶面较皱，叶色绿，叶片厚度较厚，主脉中等。花序密集、球形，花色淡红，有花冠尖；种子褐色、卵圆形。移栽至中心花开放 61 天，生育期 156 天。

【化学成分】　总氮 1.96%，蛋白质 11.13%，烟碱 1.03%，氮碱比 1.90。

197. 掩心烟 2441

（统一编号 00000337；单位编号 2441）

【特征特性】　株高 78.0 cm，叶数 21 片，节距 3.1 cm，茎围 10.3 cm，腰叶长 55.4 cm、宽 25.2 cm。花冠长度 5.8 cm，花冠直径 2.4 cm，花萼长度 2.2 cm。植株筒形，叶形椭圆，叶尖急尖，叶面较平，叶色绿，叶片厚度较薄，主脉中等。花序密集、球形，花色淡红，有花冠尖；种子褐色、卵圆形。移栽至中心花开放 41 天，生育期 135 天。

【化学成分】　烟碱 1.45%。

198. 盆烟

（统一编号00000338；单位编号2443）

【特征特性】　株高81.0 cm，叶数19片，节距3.0 cm，茎围9.8 cm，腰叶长55.4 cm、宽23.6 cm。花冠长度5.9 cm，花冠直径2.9 cm，花萼长度2.1 cm。植株筒形，叶形长椭圆，叶尖渐尖，叶面较平，叶色绿，叶片厚度中等，主脉中等。花序密集、菱形，花色淡红，有花冠尖；种子褐色、卵圆形。移栽至中心花开放52天，生育期145天。

【化学成分】　总氮1.68%，蛋白质8.81%，烟碱1.56%，氮碱比1.08。

199. 晚出头

（统一编号00000339；单位编号2444）

【特征特性】　株高127.6 cm，叶数27片，节距3.7 cm，茎围11.6 cm，腰叶长64.6 cm、宽33.2 cm。花冠长度5.8 cm，花冠直径2.5 cm，花萼长度1.5 cm。植株筒形，叶形椭圆，叶尖急尖，叶面较皱，叶色深绿，叶片厚度中等，主脉中等。花序密集、球形，花色红色，有花冠尖；种子褐色、卵圆形。移栽至中心花开放71天，生育期161天。

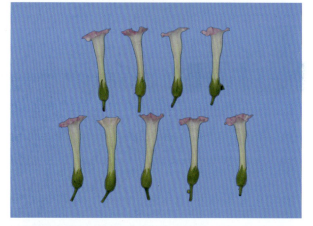

200. 松边品种

（统一编号00000340；单位编号2445）

【特征特性】　株高49.6 cm，叶数12片，节距3.8 cm，茎围7.7 cm，腰叶长61.2 cm、宽26.4 cm。花冠长度6.0 cm，花冠直径2.5 cm，花萼长度2.2 cm。植株筒形，叶形长椭圆，叶尖渐尖，叶面较平，叶色绿，叶片厚度较厚，主脉中等。花序松散、菱形，花色淡红，有花冠尖；种子褐色、卵圆形。移栽至中心花开放36天，生育期133天。

201.尖烟洋苗

（统一编号00000341；单位编号2446）

【特征特性】　株高67.0 cm，叶数17片，节距2.8 cm，茎围11.0 cm，腰叶长52.8 cm、宽32.4 cm。花冠长度5.1 cm，花冠直径2.3 cm，花萼长度2.0 cm。植株筒形，叶形宽椭圆，叶尖急尖，叶面较皱，叶色绿，叶片厚度中等，主脉中等。花序密集、球形，花色淡红，有花冠尖；种子褐色、卵圆形。移栽至中心花开放48天，生育期139天。

202.杓把2447

（统一编号00000342；单位编号2447）

【特征特性】 株高83.4 cm，叶数20片，节距3.0 cm，茎围8.9 cm，腰叶长52.6 cm、宽23.0 cm。花冠长度5.8 cm，花冠直径2.9 cm，花萼长度2.4 cm。植株筒形，叶形长椭圆，叶尖急尖，叶面较平，叶色绿，叶片厚度较厚，主脉中等。花序密集、球形，花色淡红，有花冠尖；种子褐色、卵圆形。移栽至中心花开放48天，生育期139天。

203.魁烟

（统一编号00000343；单位编号2448）

【特征特性】　株高84.0 cm，叶数20片，节距3.3 cm，茎围9.8 cm，腰叶长51.0 cm、宽29.6 cm。花冠长度5.0 cm，花冠直径2.2 cm，花萼长度2.1 cm。植株筒形，叶形宽椭圆，叶尖急尖，叶面较平，叶色绿，叶片厚度中等，主脉中等。花序密集、球形，花色淡红，有花冠尖；种子褐色、卵圆形。移栽至中心花开放49天，生育期144天。

204.三八烟

（统一编号00000344；单位编号2449）

【特征特性】　株高83.0 cm，叶数17片，节距3.4 cm，茎围2.5 cm，腰叶长54.4 cm、宽27.2 cm。花冠长度5.7 cm，花冠直径2.4 cm，花萼长度1.9 cm。植株筒形，叶形椭圆，叶尖急状，叶面较平，叶色绿，叶片厚度中等，主脉中等。花序密集、球形，花色淡红，有花冠尖；种子褐色、卵圆形。移栽至中心花开放49天，生育期151天。

205.王坡二

（统一编号00000345；单位编号2451）

【特征特性】　株高88.0 cm，叶数22片，节距3.7 cm，茎围9.6 cm，腰叶长56.2 cm、宽24.6 cm。花冠长度5.7 cm，花冠直径2.0 cm，花萼长度2.1 cm。植株筒形，叶形长椭圆，叶尖急尖，叶面较平，叶色绿，叶片厚度中等，主脉中等。花序密集、球形，花色红色，有花冠尖；种子褐色、卵圆形。移栽至中心花开放64天，生育期161天。

206.王坡三

（统一编号00000346；单位编号2452）

【特征特性】 株高187.1 cm，叶数34片，节距3.6 cm，茎围7.9 cm，腰叶长62.8 cm、宽27.6 cm。植株筒形，叶形长椭圆，叶尖渐尖，叶色绿，叶片厚度较薄。花序密集、球形，花色白色，有花冠尖；种子褐色、卵圆形。移栽至中心花开放71天，生育期165天。

207.疙瘩筋烟

（统一编号00000347；单位编号2455）

【特征特性】　株高68.4 cm，叶数20片，节距2.5 cm，茎围9.1 cm，腰叶长54.6 cm、宽22.2 cm。花冠长度5.5 cm，花冠直径2.6 cm，花萼长度2.1 cm。植株筒形，叶形长椭圆，叶尖急尖，叶面较平，叶色绿，叶片厚度较厚，主脉中等。花序密集、菱形，花色淡红，有花冠尖；种子褐色、卵圆形。移栽至中心花开放37天，生育期140天。

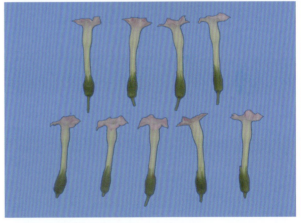

208.洋烟叶

（统一编号00000349；单位编号2457）

【特征特性】　株高74.6 cm，叶数21片，节距3.1 cm，茎围10.8 cm，腰叶长58.0 cm、宽28.4 cm。花冠长度5.9 cm，花冠直径2.4 cm，花萼长度2.1 cm。植株橄榄形，叶形椭圆，叶尖急尖，叶面较平，叶色绿，叶片厚度较厚，主脉中等。花序密集、球形，花色淡红，有花冠尖；种子褐色、卵圆形。移栽至中心花开放51天，生育期144天。

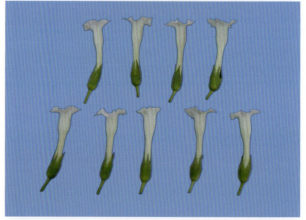

209.糙烟叶

（统一编号00000350；单位编号2458）

【特征特性】　株高47.6 cm，叶数15片，节距2.4 cm，茎围8.8 cm，腰叶长56.0 cm、宽25.6 cm。花冠长度5.2 cm，花冠直径2.2 cm，花萼长度1.7 cm。植株筒形，叶形椭圆，叶尖急尖，叶面较平，叶色绿，叶片厚度较厚，主脉中等。花序密集、菱形，花色淡红，有花冠尖；种子褐色、卵圆形。移栽至中心花开放46天，生育期142天。

209

210.金黄苗

（统一编号00000351；单位编号2459）

【特征特性】　　株高88.0 cm，叶数19片，节距4.0 cm，茎围10.7 cm，腰叶长58.6 cm、宽32.8 cm。花冠长度5.7 cm，花冠直径2.5 cm，花萼长度2.0 cm。植株筒形，叶形宽椭圆，叶尖急尖，叶面较平，叶色绿，叶片厚度较厚，主脉中等。花序密集、球形，花色淡红，有花冠尖；种子褐色、卵圆形。移栽至中心花开放55天，生育期151天。

211. 流叶子

（统一编号00000353；单位编号2461）

【特征特性】　株高85.0 cm，叶数22片，节距3.9 cm，茎围10.5 cm，腰叶长64.2 cm、宽29.0 cm。花冠长度5.5 cm，花冠直径2.3 cm，花萼长度1.9 cm。植株筒形，叶形长椭圆，叶尖急尖，叶面较平，叶色绿，叶片厚度较厚，主脉中等。花序松散、菱形，花色红色，有花冠尖；种子褐色、卵圆形。移栽至中心花开放55天，生育期151天。

212.烟叶

（统一编号00000354；单位编号2462）

【特征特性】 株高76.2 cm，叶数20片，节距2.8 cm，茎围10.8 cm，腰叶长53.4 cm、宽31.6 cm。花冠长度5.0 cm，花冠直径2.4 cm，花萼长度1.9 cm。植株筒形，叶形宽椭圆，叶尖急尖，叶面较平，叶色绿，叶片厚度较厚，主脉中等。花序密集、球形，花色淡红，有花冠尖；种子褐色、卵圆形。移栽至中心花开放53天，生育期151天。

213. 胎里黄

（统一编号00000355；单位编号2463）

【特征特性】　株高156.7 cm，叶数28片，节距5.0 cm，茎围6.0 cm，腰叶长55.4 cm、宽31.9 cm。植株筒形，叶形宽椭圆，叶尖渐尖，叶色浅绿，叶片厚度较薄。花序密集、菱形，花色淡红，有花冠尖；种子褐色、卵圆形。移栽至中心花开放63天，生育期160天。

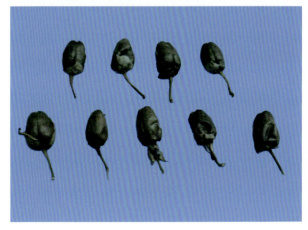

214.高脚黄

（统一编号00000356；单位编号2464）

【特征特性】　株高71.2 cm，叶数20片，节距2.8 cm，茎围9.9 cm，腰叶长55.6 cm、宽27.8 cm。花冠长度5.5 cm，花冠直径2.4 cm，花萼长度2.1 cm。植株筒形，叶形椭圆，叶尖渐尖，叶面较平，叶色绿，叶片厚度中等，主脉中等。花序松散、菱形，花色红色，有花冠尖；种子褐色、卵圆形。移栽至中心花开放51天，生育期147天。

215. 猫耳朵香烟

（统一编号00000357；单位编号2465）

【特征特性】 株高74.8 cm，叶数18片，节距2.7 cm，茎围9.3 cm，腰叶长50.4 cm、宽29.4 cm。花冠长度4.9 cm，花冠直径2.6 cm，花萼长度1.9 cm。植株筒形，叶形宽椭圆，叶尖急尖，叶面平，叶色绿，叶片厚度较厚，主脉中等。花序密集、球形，花色淡红，有花冠尖；种子褐色、卵圆形。移栽至中心花开放50天，生育期147天。

216.龙舌

（统一编号00000358；单位编号2466）

【特征特性】　株高90.0 cm，叶数21片，节距3.7 cm，茎围10.5 cm，腰叶长64.6 cm、宽24.4 cm。花冠长度5.6 cm，花冠直径2.4 cm，花萼长度2.0 cm。植株筒形，叶形长椭圆，叶尖渐尖，叶面较皱，叶色绿，叶片厚度中等，主脉中等。花序密集、球形，花色红色，有花冠尖；种子褐色、卵圆形。移栽至中心花开放61天，生育期157天。

217. 杓把2467

（统一编号00000359；单位编号2467）

【特征特性】　株高71.0 cm，叶数18片，节距2.9 cm，茎围8.9 cm，腰叶长53.8 cm、宽26.2 cm。花冠长度4.9 cm，花冠直径2.2 cm，花萼长度1.8 cm。植株筒形，叶形椭圆，叶尖渐尖，叶面较皱，叶色绿，叶片厚度较薄，主脉中等。花序密集、球形，花色淡红，有花冠尖；种子褐色、卵圆形。移栽至中心花开放44天，生育期135天。

【化学成分】　总氮1.64%，蛋白质8.44%，烟碱1.44%，氮碱比1.14。

218. 长烟叶子

（统一编号00000360；单位编号2468）

【特征特性】 株高151.6 cm，叶数13片，节距8.0 cm，茎围6.9 cm，腰叶长54.8 cm、宽31.0 cm。花冠长度4.2 cm，花冠直径2.1 cm，花萼长度1.9 cm。植株筒形，叶形宽椭圆，叶尖急尖，叶面较平，叶色绿色，叶片厚度较厚。花序松散、菱形，花色淡红，有花冠尖；种子褐色、卵圆形。移栽至中心花开放62天，生育期157天。

219. 烤烟

（统一编号00000361；单位编号2469）

【特征特性】　株高95.3 cm，叶数13片，节距8.0 cm，茎围6.0 cm，腰叶长53.3 cm、宽27.1 cm。花冠长度4.1 cm，花冠直径1.9 cm，花萼长度1.4 cm。植株筒形，叶形椭圆，叶尖急尖，叶面较皱，叶色深绿，叶片厚度较厚。花序松散、菱形，花色淡红，有花冠尖；种子褐色、卵圆形。移栽至中心花开放59天，生育期150天。

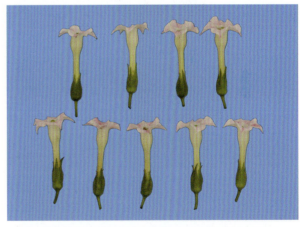

220.烤烟籽

（统一编号00000362；单位编号2470）

【特征特性】　株高186.9 cm，叶数32片，节距3.9 cm，茎围8.8 cm，腰叶长51.5 cm、宽28.2 cm。植株筒形，叶形宽椭圆，叶尖急尖，叶面较皱，叶色绿色，叶片厚度中等；花色淡红。花序密集、倒圆锥形，花色淡红，有花冠尖；种子褐色、卵圆形。移栽至中心花开放72天，生育期160天。

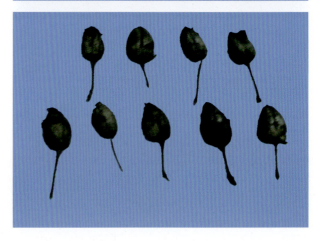

221. 大金边 2471

（统一编号00000363；单位编号2471）

【特征特性】　株高58.2 cm，叶数14片，节距3.1 cm，茎围8.3 cm，腰叶长48.0 cm、宽28.0 cm。花冠长度5.5 cm，花冠直径2.3 cm，花萼长度2.0 cm。植株筒形，叶形宽椭圆，叶尖急尖，叶面较皱，叶色绿，叶片厚度较薄，主脉中等。花序密集，球形，花色淡红，有花冠尖；种子褐色、卵圆形。移栽至中心花开放42天，生育期135天。

222. 无名烟

（统一编号00000364；单位编号2472）

【特征特性】　株高30.6 cm，叶数8片，节距2.4 cm，茎围7.2 cm，腰叶长50.6 cm、宽26.4 cm。花冠长度6.0 cm，花冠直径2.4 cm，花萼长度2.3 cm。植株筒形，叶形椭圆，叶尖急尖，叶面较平，叶色绿，叶片厚度中等，主脉中等。花序密集，球形，花色红色，有花冠尖；种子褐色、卵圆形。移栽至中心花开放43天，生育期137天。

【化学成分】　总氮1.73%，蛋白质8.69%，烟碱1.95%，氮碱比0.89。

223.老母鸡烟

（统一编号00000365；单位编号2473）

【特征特性】　株高106.7 cm，叶数22片，节距2.0 cm，茎围7.4 cm，腰叶长52.8 cm、宽25.5 cm。植株筒形，叶形椭圆，叶尖渐尖，叶面较皱，叶色深绿，叶片厚度中等。花序密集，球形，花色淡红，有花冠尖；种子褐色、卵圆形。移栽至中心花开放67天，生育期160天。

224. 螺丝头 2474

（统一编号00000366；单位编号2474）

【特征特性】　株高187.8 cm，叶数38片，节距2.6 cm，茎围8.5 cm，腰叶长55.8 cm、宽25.5 cm。植株筒形，叶形椭圆，叶尖渐尖，叶面较皱，叶色深绿，叶片厚度中等。花序密集，球形，花色淡红，有花冠尖；种子褐色、卵圆形。移栽至中心花开放73天，生育期162天。

225.核桃纹2475

（统一编号00000367；单位编号2475）

【**特征特性**】 株高89.0 cm，叶数27片，节距2.8 cm，茎围9.9 cm，腰叶长60.0 cm、宽27.6 cm。花冠长度6.0 cm，花冠直径2.7 cm，花萼长度2.0 cm。植株筒形，叶形椭圆，叶尖急尖，叶面较皱，叶色绿，叶片厚度较厚，主脉中等。花序密集、球形，花色红色，有花冠尖；种子褐色、卵圆形。移栽至中心花开放61天，生育期154天。

226.二糙子小烟

（统一编号00000368；单位编号2476）

【特征特性】　株高71.0 cm，叶数19片，节距3.0 cm，茎围7.6 cm，腰叶长39.4 cm、宽22.4 cm。花冠长度5.0 cm，花冠直径2.3 cm，花萼长度1.9 cm。植株筒形，叶形卵圆，有叶柄，叶尖渐尖，叶面较平，叶色黄绿，叶片厚度中等，主脉中等。花序松散、菱形，花色淡红，有花冠尖；种子褐色、卵圆形。移栽至中心花开放45天，生育期143天。

227.松边

（统一编号00000369；单位编号2477）

【特征特性】 株高67.0 cm，叶数17片，节距2.9 cm，茎围8.7 cm，腰叶长53.0 cm、宽27.2 cm。花冠长度5.6 cm，花冠直径2.5 cm，花萼长度2.2 cm。植株筒形，叶形椭圆，叶尖急尖，叶面平，叶色绿，叶片厚度较厚，主脉中等。花序密集、球形，花色淡红，有花冠尖；种子褐色、卵圆形。移栽至中心花开放53天，生育期147天。

228. 大金边 2478

（统一编号00000370；单位编号2478）

【特征特性】　株高150.0 cm，叶数29片，节距3.6 cm，茎围11.5 cm，腰叶长60.7 cm、宽30.3 cm。花冠长度5.8 cm，花冠直径2.4 cm，花萼长度1.9 cm。植株筒形，叶形椭圆，叶尖急尖，叶面较平，叶色绿，叶片厚度较厚，主脉中等。花序密集、球形，花色淡红，有花冠尖；种子褐色、卵圆形。移栽至中心花开放71天，生育期165天。

【化学成分】　总糖17.19%，总氮1.86%，蛋白质10.29%，烟碱1.23%，施木克值1.67，糖碱比13.98，氮碱比1.51。

229. 小保险

（统一编号00000371；单位编号2479）

【特征特性】　株高147.0 cm，叶数24片，节距3.6 cm，茎围12.5 cm，腰叶长65.6 cm、宽33.2 cm。花冠长度4.8 cm，花冠直径2.5 cm，花萼长度2.0 cm。植株筒形，叶形椭圆，叶尖急尖，叶面较平，叶色绿，叶片厚度较厚，主脉中等。花序密集、菱形，花色淡红，有花冠尖；种子褐色、卵圆形。移栽至中心花开放85天，生育期170天。

230.莲花盆2481

（统一编号00000373；单位编号2481）

【特征特性】　株高66.4 cm，叶数18片，节距2.7 cm，茎围9.4 cm，腰叶长53.4 cm、宽27.4 cm。花冠长度6.1 cm，花冠直径3.0 cm，花萼长度2.0 cm。植株筒形，叶形椭圆，叶尖急尖，叶面较平，叶色绿，叶片厚度较厚，主脉中等。花序密集、球形，花色淡红，有花冠尖；种子褐色、卵圆形。移栽至中心花开放51天，生育期143天。

231.毛把烟

（统一编号00000374；单位编号2482）

【特征特性】 株高144.4 cm，叶数30片，节距3.5 cm，茎围9.5 cm，腰叶长54.8 cm、宽29.0 cm。花冠长度5.6 cm，花冠直径3.0 cm，花萼长度2.0 cm。植株筒形，叶形椭圆，叶尖急尖，叶面较平，叶色绿，叶片厚度中等，主脉中等。花序密集、球形，花色淡红，有花冠尖；种子褐色、卵圆形。移栽至中心花开放71天，生育期161天。

232. 罗汉敦

（统一编号00000375；单位编号2483）

【特征特性】　株高80.4 cm，叶数21片，节距3.7 cm，茎围11.0 cm，腰叶长52.8 cm、宽30.2 cm。花冠长度5.1 cm，花冠直径2.3 cm，花萼长度1.5 cm。植株筒形，叶形宽椭圆，叶尖急尖，叶面较皱，叶色绿，叶片厚度较厚，主脉中等。花序密集、球形，花色淡红，有花冠尖；种子褐色、卵圆形。移栽至中心花开放61天，生育期151天。

233.圆叶烟

（统一编号00000376；单位编号2484）

【特征特性】 株高96.6 cm，叶数23片，节距4.0 cm，茎围10.4 cm，腰叶长56.6 cm、宽33.8 cm。花冠长度5.5 cm，花冠直径2.3 cm，花萼长度1.9 cm。植株筒形，叶形宽椭圆，叶尖急尖，叶面较平，叶色绿，叶片厚度中等，主脉中等。花序密集、球形，花色红色，有花冠尖；种子褐色、卵圆形。移栽至中心花开放53天，生育期147天。

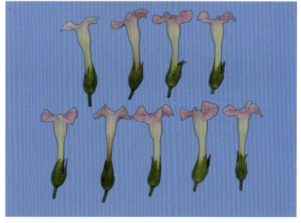

234.牛舌尖

（统一编号00000377；单位编号2485）

【特征特性】 株高98.3 cm，叶数23片，节距3.4 cm，茎围10.2 cm，腰叶长59.3 cm、宽30.7 cm。花冠长度5.5 cm，花冠直径2.4 cm，花萼长度1.7 cm。植株筒形，叶形椭圆，叶尖急尖，叶面较平，叶色绿，叶片厚度较厚，主脉中等。花序密集、球形，花色淡红，有花冠尖；种子褐色、卵圆形。移栽至中心花开放57天，生育期151天。

【化学成分】 总氮1.47%，蛋白质7.25%，烟碱1.79%，氮碱比0.82。

235. 魁烟 2487

（统一编号 00000379；单位编号 2487）

【特征特性】　株高 60.4 cm，叶数 15 片，节距 2.7 cm，茎围 9.6 cm，腰叶长 45.0 cm、宽 26.4 cm。花冠长度 5.0 cm，花冠直径 2.0 cm，花萼长度 1.5 cm。植株筒形，叶形宽椭圆，叶尖急尖，叶面皱，叶色绿，叶片厚度较厚，主脉中等。花序密集、球形，花色淡红，有花冠尖；种子褐色、卵圆形。移栽至中心花开放 56 天，生育期 154 天。

235

236. 白尖糙 2488

（统一编号 00000380；单位编号 2488）

【特征特性】　株高 151.0 cm，叶数 30 片，节距 3.6 cm，茎围 8.5 cm，腰叶长 52.5 cm、宽 25.0 cm。植株筒形，叶形椭圆，叶尖渐尖，叶面较平，叶色绿，叶片厚度中等，主脉中等。花序密集、球形，花色淡红，有花冠尖；种子褐色、卵圆形。移栽至中心花开放 64 天，生育期 154 天。

【化学成分】　总糖 24.30%，总氮 1.85%，蛋白质 10.13%，烟碱 1.35%，施木克值 2.40，糖碱比 18.00，氮碱比 1.37。

237. 白尖糙 2489

（统一编号00000381；单位编号2489）

【特征特性】　株高115.0 cm，叶数20片，节距5.7 cm，茎围7.6 cm，腰叶长61.9 cm、宽18.7 cm。花冠长度4.7 cm，花冠直径2.2 cm，花萼长度1.9 cm。植株筒形，叶形长椭圆，叶尖尾状，叶色绿色，叶片厚度较薄。花序密集、球形，花色淡红，有花冠尖；种子褐色、卵圆形。移栽至中心花开放68天，生育期156天。

【化学成分】　总糖23.56%，总氮1.88%，蛋白质9.35%，烟碱2.26%，施木克值2.52，糖碱比10.42，氮碱比0.83。

238. 香（1）

（统一编号00002446；单位编号2492）

【特征特性】 株高138.2 cm，叶数45片，节距2.1 cm，茎围10.7 cm，腰叶长57.0 cm、宽16.7 cm。花冠长度4.7 cm，花冠直径1.8 cm，花萼长度1.6 cm。植株筒形，叶形长椭圆，叶尖渐尖，叶面较皱，叶色绿，叶片厚度中等，主脉中等。花序密集、菱形，花色淡红，有花冠尖；种子褐色、卵圆形。移栽至中心花开放75天，生育期113天。

239. 香（2）

（统一编号00002447；单位编号2493）

【特征特性】　株高135.2 cm，叶数43片，节距2.5 cm，茎围11.4 cm，腰叶长66.0 cm、宽28.1 cm。花冠长度5.2 cm，花冠直径2.3 cm，花萼长度1.4 cm。植株筒形，叶形长椭圆，叶尖渐尖，叶面较皱，叶色绿，叶片厚度中等，主脉中等。花序密集、球形，花色淡红，有花冠尖；种子褐色、卵圆形。移栽至中心花开放70天。

240. 白筋 2501

（统一编号00000382；单位编号2501）

【特征特性】 株高48.8 cm，叶数12片，节距3.4 cm，茎围6.8 cm，腰叶长57.0 cm、宽24.2 cm。花冠长度5.7 cm，花冠直径2.4 cm，花萼长度1.9 cm。植株筒形，叶形长椭圆，叶尖渐尖，叶面较平，叶色绿，叶片厚度中等，主脉中等。花序密集、球形，花色红色，有花冠尖；种子褐色、卵圆形。移栽至中心花开放42天，生育期135天。

【化学成分】 烟碱0.78%。

241.白花烟

（统一编号00000383；单位编号2502）

【特征特性】　株高89.0 cm，叶数22片，节距3.2 cm，茎围9.6 cm，腰叶长55.2 cm、宽27.8 cm。花冠长度5.0 cm，花冠直径2.0 cm，花萼长度1.8 cm。植株筒形，叶形椭圆，叶尖渐尖，叶面较平，叶色绿，叶片厚度较厚，主脉中等。花序松散、菱形，花色淡红，有花冠尖；种子褐色、卵圆形。移栽至中心花开放53天，生育期147天。

242. 大白筋 2503

（统一编号00000384；单位编号2503）

【特征特性】 株高50.8 cm，叶数11片，节距3.1 cm，茎围7.5 cm，腰叶长52.2 cm、宽25.0 cm。花冠长度5.3 cm，花冠直径2.6 cm，花萼长度2.2 cm。植株筒形，叶形椭圆，叶尖急尖，叶面较平，叶色绿，叶片厚度中等，主脉中等。花序密集、菱形，花色红色，有花冠尖；种子褐色、卵圆形。移栽至中心花开放40天，生育期133天。

243. 白筋烟2504

（统一编号00000385；单位编号2504）

【特征特性】 株高84.5 cm，叶数21片，节距3.7 cm，茎围10.1 cm，腰叶长61.5 cm、宽30.4 cm。花冠长度5.2 cm，花冠直径2.5 cm，花萼长度2.0 cm。植株筒形，叶形椭圆，叶尖急尖，叶面较平，叶色绿，叶片厚度中等，主脉中等。花序密集、球形，花色淡红，有花冠尖；种子褐色、卵圆形。移栽至中心花开放45天，生育期135天。

244. 大白筋 2505

（统一编号00000386；单位编号2505）

【特征特性】　株高72.4 cm，叶数18片，节距3.0 cm，茎围9.1 cm，腰叶长54.4 cm、宽25.8 cm。花冠长度5.5 cm，花冠直径2.3 cm，花萼长度2.2 cm。植株筒形，叶形椭圆，叶尖尾状，叶面较平，叶色绿，叶片厚度中等，主脉中等。花序密集、球形，花色淡红，有花冠尖；种子褐色、卵圆形。移栽至中心花开放52天，生育期147天。

245. 小白筋 2507

（统一编号00000388；单位编号2507）

【特征特性】　株高70.0 cm，叶数22片，节距2.1 cm，茎围9.6 cm，腰叶长52.4 cm、宽24.2 cm。花冠长度5.7 cm，花冠直径2.5 cm，花萼长度2.1 cm。植株筒形，叶形椭圆，叶尖渐尖，叶面较皱，叶色绿，叶片厚度中等，主脉中等。花序密集、球形，花色淡红，有花冠尖；种子褐色、卵圆形。移栽至中心花开放50天，生育期147天。

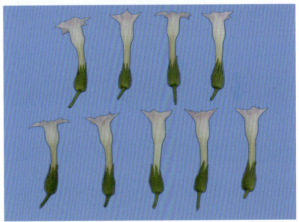

246.白筋烟2508

（统一编号00000389；单位编号2508）

【特征特性】　株高52.6 cm，叶数14片，节距2.9 cm，茎围8.2 cm，腰叶长55.2 cm、宽25.0 cm。花冠长度5.9 cm，花冠直径1.9 cm，花萼长度2.1 cm。植株筒形，叶形椭圆，叶尖急尖，叶面较平，叶色绿，叶片厚度中等，主脉中等。花序密集、球形，花色红色，有花冠尖；种子褐色、卵圆形。移栽至中心花开放45天，生育期143天。

247. 白筋烟 2509

（统一编号00000390；单位编号2509）

【特征特性】　株高90.0 cm，叶数22片，节距3.7 cm，茎围8.8 cm，腰叶长58.0 cm、宽26.4 cm。花冠长度5.9 cm，花冠直径2.5 cm，花萼长度2.1 cm。植株筒形，叶形椭圆，叶尖渐尖，叶面较平，叶色绿，叶片厚度中等，主脉中等。花序松散、菱形，花色红色，有花冠尖；种子褐色、卵圆形。移栽至中心花开放58天，生育期155天。

248. 大白筋 2510

（统一编号 00000391；单位编号 2510）

【特征特性】 株高 65.0 cm，叶数 22 片，节距 1.9 cm，茎围 8.9 cm，腰叶长 50.2 cm、宽 24.8 cm。花冠长度 5.6 cm，花冠直径 2.5 cm，花萼长度 1.9 cm。植株筒形，叶形椭圆，叶尖急尖，叶面较平，叶色绿，叶片厚度较厚，主脉中等。花序密集、球形，花色红色，有花冠尖；种子褐色、卵圆形。移栽至中心花开放 54 天，生育期 148 天。

249. 大白筋 2511

（统一编号 00000392；单位编号 2511）

【特征特性】　株高 55.1 cm，叶数 12 片，节距 3.4 cm，茎围 6.5 cm，腰叶长 47.5 cm、宽 22.3 cm。花冠长度 6.0 cm，花冠直径 2.4 cm，花萼长度 2.0 cm。植株筒形，叶形椭圆，叶尖急尖，叶面较平，叶色绿，叶片厚度较厚，主脉中等。花序密集、球形，花色淡红，有花冠尖；种子褐色、卵圆形。移栽至中心花开放 37 天，生育期 140 天。

【化学成分】　总氮 1.68%，蛋白质 8.75%，烟碱 1.63%，氮碱比 1.03。

250. 大白筋 2512

（统一编号00000393；单位编号2512）

【特征特性】　株高72.6 cm，叶数20片，节距3.5 cm，茎围9.1 cm，腰叶长58.6 cm、宽29.8 cm。花冠长度5.9 cm，花冠直径2.4 cm，花萼长度2.3 cm。植株筒形，叶形椭圆，叶尖急尖，叶面较平，叶色绿，叶片厚度较厚，主脉中等。花序密集、球形，花色淡红，有花冠尖；种子褐色、卵圆形。移栽至中心花开放54天，生育期142天。

251.白筋2513

（统一编号00000394；单位编号2513）

【特征特性】 株高58.4 cm，叶数17片，节距2.3 cm，茎围8.3 cm，腰叶长51.4 cm、宽25.6 cm。花冠长度5.8 cm，花冠直径2.1 cm，花萼长度2.1 cm。植株筒形，叶形椭圆，叶尖渐尖，叶面较平，叶色绿，叶片厚度较厚，主脉中等。花序密集、球形，花色淡红，有花冠尖；种子褐色、卵圆形。移栽至中心花开放51天，生育期135天。

252. 小白筋 2514

（统一编号 00000395；单位编号 2514）

【特征特性】 株高 89.0 cm，叶数 23 片，节距 3.5 cm，茎围 10.0 cm，腰叶长 65.0 cm、宽 26.7 cm。花冠长度 5.2 cm，花冠直径 2.5 cm，花萼长度 1.7 cm。植株筒形，叶形长椭圆，叶尖急尖，叶面较皱，叶色绿，叶片厚度较厚，主脉中等。花序密集、球形，花色红色，有花冠尖；种子褐色、卵圆形。移栽至中心花开放 61 天，生育期 151 天。

253.牛耳朵

（统一编号00001831；单位编号4001）

【特征特性】 株高152.2 cm，叶数23片，节距3.8 cm，茎围10.3 cm，腰叶长51.7 cm、宽30.4 cm。花冠长度5.0 cm，花冠直径2.5 cm，花萼长度1.7 cm。植株筒形，叶形卵圆，叶尖渐尖，叶面较平，叶色绿，叶片厚度中等，主脉中等。花序松散、菱形，花色淡红，有花冠尖；种子褐色、卵圆形。移栽至中心花开放36天，生育期93天。

254.黄苗柳叶尖

（统一编号00001832；单位编号4003）

【特征特性】 株高113.8 cm，叶数25片，节距3.4 cm，茎围9.2 cm，腰叶长54.0 cm、宽16.7 cm。花冠长度5.0 cm，花冠直径2.2 cm，花萼长度1.8 cm。植株筒形，叶形长椭圆，叶尖尾状，叶面平，叶色绿，叶片厚度较薄，主脉中等。花序松散、菱形，花色红色，有花冠尖；种子褐色、卵圆形。移栽至中心花开放59天，生育期101天。

255.黑苗柳叶尖

（统一编号00001833；单位编号4004）

【特征特性】 株高107.0 cm，叶数21片，节距3.9 cm，茎围8.2 cm，腰叶长49.8 cm、宽24.8 cm。花冠长度4.8 cm，花冠直径2.2 cm，花萼长度1.7 cm。植株筒形，叶形椭圆，叶尖急尖，叶面平，叶色绿，叶片厚度较薄，主脉中等。花序密集、球形，花色深红色，有花冠尖；种子褐色、卵圆形。移栽至中心花开放51天，生育期101天。

256.灵晒

（统一编号00001834；单位编号4005）

【特征特性】 株高166.2 cm，叶数34片，节距3.9 cm，茎围10.5 cm，腰叶长65.4 cm、宽31.9 cm。花冠长度5.3 cm，花冠直径2.2 cm，花萼长度1.9 cm。植株筒形，叶形椭圆，叶尖渐尖，叶面较平，叶色绿，叶片厚度较薄，主脉中等。花序密集、球形，花色淡红，有花冠尖；种子褐色、卵圆形。生育期123天。

257.卢岗

（统一编号00001835；单位编号4006）

【特征特性】　株高96.0 cm，叶数15片，节距4.0 cm，茎围8.7 cm，腰叶长53.8 cm、宽25.7 cm。花冠长度4.9 cm，花冠直径2.3 cm，花萼长度2.2 cm。植株筒形，叶形椭圆，叶尖渐尖，叶面平，叶色绿，叶片厚度较薄，主脉中等。花序松散、菱形，花色淡红，有花冠尖；种子褐色、椭圆形。移栽至中心花开放52天，生育期96天。

258.陕县兰花烟

（统一编号00003541；单位编号5001）

【特征特性】　株高60.2 cm，叶数10片，节距2.7 cm，茎围7.2 cm，腰叶长21.0 cm、宽20.2 cm。花冠长度1.8 cm，花冠直径1.2 cm，花萼长度0.8 cm。植株筒形，叶形宽卵圆，有叶柄，叶尖钝尖，叶面较平，叶色绿，叶片厚度中等，主脉中等。花序密集、球形，花色黄，有花冠尖；种子褐色、卵圆形。移栽至中心花开放23天，生育期105天。

259.登封兰花烟

（统一编号00003542；单位编号5003）

【特征特性】　株高58.2 cm，叶数13片，节距2.6 cm，茎围7.2 cm，腰叶长22.0 cm、宽21.7 cm。花冠长度1.9 cm，花冠直径1.2 cm，花萼长度0.8 cm。植株筒形，叶形宽卵圆，有叶柄，叶尖钝尖，叶面较平，叶色绿，叶片厚度中等，主脉中等。花序密集、球形，花色黄，有花冠尖；种子褐色、卵圆形。移栽至中心花开放23天，生育期103天。

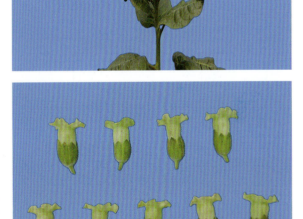

260.灵宝莫合烟

（统一编号00003543；单位编号5004）

【特征特性】 株高62.0 cm，叶数13片，节距7.0 cm，茎围3.4 cm，腰叶长17.1 cm、宽10.9 cm。花冠长度2.2 cm，花冠直径1.6 cm，花萼长度0.8 cm。植株筒形，叶形宽卵圆，有叶柄，叶尖钝尖，叶面较平，叶色深绿，叶片厚度中等，主脉中等。花序密集、球形，花色黄，无花冠尖；种子褐色、卵圆形。移栽至中心花开放57天，生育期151天。

参考文献

[1] 襄县烟草志编辑室.襄县烟草志[M].北京：中国展望出版社，1989.

[2] 中国农业科学院烟草研究所.全国烟草品种资源目录[M].北京：中国农业出版社，1977.

[3] 中国农业科学院烟草研究所.全国烟草品种资源目录（续编一）[M].北京：中国农业出版社，1990.

[4] 中国农业科学院烟草研究所.全国烟草品种资源目录（续编二）[M].北京：中国农业出版社，1995.

[5] 中国农业科学院烟草研究所.中国烟草品种志[M].北京：中国农业出版社，1987.

[6] 中国农业科学院烟草研究所，中国烟草总公司青州烟草研究所.中国烟草品种资源[M].北京：中国农业出版社，1997.

[7] 中国烟草育种研究（南方）中心，云南省烟草科学研究所.云南烟草品种志[M].昆明：云南科学技术出版社，1999.

[8] 佟道儒.烟草育种学[M].北京：中国农业出版社，1997.

[9] 杨铁钊.烟草育种学[M].北京：中国农业出版社，2003.

[10] 王志德、王元英、牟建民.烟草种质资源描述规范和数据标准[M].北京：中国农业出版社，2006.

[11] 訾天镇，杨同升.晒晾烟栽培与调制[M].上海：上海科学技术出版社，1988.

[12] 广东省农业科学院作物研究所.广东烟草种质资源（卷一）[M].广州：广东科技出版社，2012.

[13] 中国烟草西南农业试验站，贵州省烟草科学研究所.贵州烟草品种资源（卷一）[M].贵阳：贵州科技出版社，2008.

[14] 中国烟草西南农业试验站，贵州省烟草科学研究所.贵州烟草品种资源（卷二）[M].贵阳：贵州科技出版社，2009.

[15] 云南省烟草科学研究所，中国烟草育种研究（南方）中心.烟草种质资源图鉴（上、下册）[M].北京：科学出版社，2009.

[16] 苏贤坤，张晓海，谈俊益.烟草医药基因工程研究进展[J].安徽农业科学，2007，35（35）：11422-11423，11425.